现代艺术设计类“十二五”精品规划教材

书籍设计案例教学

主　编　李　凯　王秀竹

副主编　齐兴龙　王　南　耿晓蕾　边　莘

中国水利水电出版社
www.waterpub.com.cn

内 容 提 要

本书是一本讲解书籍装帧设计的教材，全书包括8章内容，深入浅出地介绍了书籍的发展、书籍的结构、设计规律、印刷工艺，并对于书籍版式设计进行了较详尽的讲述。书中囊括了一批国内外的优秀案例，对书籍装帧设计案例中的构成元素、设计基本原则与流程、书籍封面与护封的视觉传达设计、版式设计等均作以详细的剖析，突出强调了书籍装帧设计过程需秉承的实用性、艺术性、欣赏性理念。

书中的每一章除了知识点的讲述外，还配有案例分析、作品点评为学生拓展设计思路、积累素材提供方便，另外每章还配有课后练习，并提供参考资料和图片，图文并茂，对学生研究书籍装帧艺术，提高想象力和动手能力，引导学生能够举一反三，具有较强的启迪和指导作用。

本书可作为应用型本科、高职高专和成人高等院校计算机专业、艺术设计专业及相关专业的教材，以及培训机构的基础设计培训教程和进阶教程，也可作为广大书籍设计爱好者自学的教材及参考书。

图书在版编目（CIP）数据

书籍设计案例教学 / 李凯，王秀竹主编. -- 北京 ：中国水利水电出版社，2015.1
现代艺术设计类“十二五”精品规划教材
ISBN 978-7-5170-2790-4

Ⅰ. ①书… Ⅱ. ①李… ②王… Ⅲ. ①书籍装帧—设计—高等职业教育—教材 Ⅳ. ①TS881

中国版本图书馆CIP数据核字(2014)第308695号

策划编辑：石永峰　**责任编辑**：陈　洁　**封面设计**：李　佳

书　名	现代艺术设计类“十二五”精品规划教材 **书籍设计案例教学**
作　者	主　编　李　凯　王秀竹 副主编　齐兴龙　王　南　耿晓蕾　边　萃
出版发行	中国水利水电出版社 （北京市海淀区玉渊潭南路 1 号 D 座 100038） 网　址：www.waterpub.com.cn E-mail：mchannel@263.net（万水） sales@waterpub.com.cn 电　话：（010）68367658（发行部）、82562819（万水）
经　售	北京科水图书销售中心（零售） 电　话：（010）88383994、63202643、68545874 全国各地新华书店和相关出版物销售网点
排　版	北京万水电子信息有限公司
印　刷	联城印刷(北京)有限公司
规　格	210mm×285mm　16 开本　14.25 印张　384 千字
版　次	2015 年 3 月第 1 版　2015 年 3 月第 1 次印刷
印　数	0001—3000 册
定　价	**48.00 元**

前言

书籍是传递思想的载体，是永恒的文化生命载体。一本好书能让读者爱不释手，除了内容与表达形式要充分展现出艺术与功能的完美融合之外，书的形态与外观是否能够在人们头脑中勾勒并根植牢固的形象，也是关系到一本书籍是否能够成为经典的关键所在。当下，信息时代浪潮下的电子媒介迅猛传播，已经广泛冲击到传统六面体书籍装帧设计的宣传影响作用，督促设计者必须在书籍的装帧与设计过程中做到与时俱进、推陈出新。书籍的装帧与设计，是出版社、作家和设计家共同探索的统一协调性结果，而学习并掌握书籍装帧与设计的技能，则是读者和学生深入了解从传统到现代，从现代到未来书籍构成的内在与外在、文字传达与图像传播、形态的构成的系统过程。

本书是一本讲解书籍装帧设计的教材，深入浅出地介绍了书籍的发展、书籍的结构、设计规律、印刷工艺，并对于书籍版式设计进行了较详尽的讲述。书中囊括了一批国内外的优秀案例，从书籍装帧设计案例中的构成元素、设计基本原则与流程、书籍封面与护封的视觉传达设计、版式设计等方面均作以详细的剖析，突出强调了书籍装帧设计过程需秉承的实用性、艺术性、欣赏性理念。熟练掌握书籍装帧设计技能，熟悉书籍封面设计的原则和方法，既可以提高读者的艺术设计能力，也可以提高读者对一本书籍的领悟力，为设计者和读者带来更高层次的享受。

本书由教学一线骨干教师和专业设计人员共同合作编写。本书内容丰富，结构清晰，实战性强，是读者进行实践的最佳“临摹”蓝本。既介绍了书籍装帧设计的基础知识，更着重介绍了设计与创作过程中使用的各种方法与技巧，通过精选的案例剖析，使读者更透彻地理解设计中的平面与空间元素构建原则。

本书包括8章内容，第1章书籍设计基础理论、第2章书籍整体设计、第3章书籍的插画设计、第4章书籍设计的版式设计原理、第5章书籍设计的分类、第6章书籍设计流程、第7章书籍设计的工艺、第8章优秀书籍装帧欣赏。

本书由李凯、王秀竹担任主编，齐兴龙、王南、耿晓蕾、边萃担任副主编。其中李凯负责整体策划，王秀竹统稿完成。王荣国、郑宏、曹丽、孙照思、英皓、杨柠、牟振、杨婷婷、孙大伟参与了部分内容的编写，为全书的完成提供了有益的帮助，在此表示感谢。

虽然多年来作者一直从事书籍装帧课程的教学，但由于书籍设计理念和技术发展迅速及本人水平所限，本书难免有疏漏和错误之处，敬请读者批评指正，以便为今后修订提供参考。

本书在编写过程中引用了大量的中外优秀作品，在此对作品的作者表示衷心的感谢。

编者

2014年10月

目录

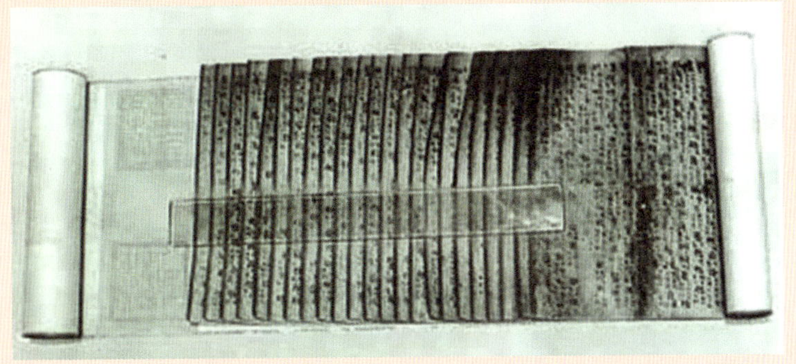

第1章 书籍设计基础理论

1.1 书籍装帧的基本概念

1.1.1 书籍的定义

书籍是记录人类文明的载体，是用文字、图画或其他符号，在一定材料上记录知识、表达思想并制成卷册的作品，是传达知识和交流经验的工具。

它经过了漫长的演变历程呈现出今天的形式，经历了在原始材料上的刻画到现在的滚筒印刷，近年来随着现代文化载体的发展与更新，书籍的内容和形式越来越丰富，除了传统的书籍形式外，在互联网盛行的现代书籍的形态也发生了革命性的变化，出现了电子书籍的形式。但是传统书籍并没有因为新形式的出现而呈现萎靡之势，电子书籍是一种依靠点击就出现，再一点就消失的“浅阅读”形式，实体书籍则为读者提供了有温度、有灵性的“深阅读”形式，因此实体书籍没有被取代反而迎来了新的机遇，依然焕发出勃勃生机，吸引人们争相购买和收藏。如图 1-1、图 1-2 所示。

图 1-1　翰清堂书籍设计

图 1-2　书籍设计

1.1.2 书籍设计的含义

书籍设计指对开本、字体、版面、插图、封面、护封以及纸张、印刷、装订和材料进行实现的艺术设计，从原稿到成书的整体设计。书籍设计的主要目的是为了在视觉上吸引读者，同时要体现该书的基本精神和内涵，以艺术的形式帮助读者理解书的内容，从而吸引读者阅读、购买、收藏的愿望。如图 1-3 至图 1-5 所示。

图 1-3 书籍设计

图 1-4 书籍设计

图 1-5 书籍设计

在没有生命的纸张里注入书籍设计师经过理性梳理的文字和感性的艺术表现形式，使得书籍充盈了灵动的气息，鲜活地与读者交流情感，它不仅仅是封面的设计，或是版式的简单排列，或与主题不相关的符号展示，德国著名的书籍艺术家、教育家阿·卡伯尔说："书籍各部分应有统一的美学构思。设计的各要素如字体、插图、印刷、油墨、封面和护封、必须相互协调。"他又说"这样的设计可以认为是书籍艺术无论是文学或者科学技术书籍，美术画册或者教科书，起到决定作用的总是高超的艺术质量。"如图 1-6、图 1-7 所示。

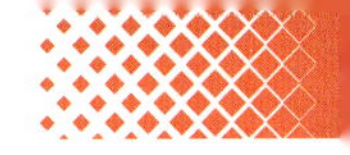

图 1-6　书籍设计

图 1-7　书籍设计

1.2　书籍设计的演变

1.2.1　书籍的产生

1. 结绳记事

在文字产生之前，人们依靠语言交流，但是语言的交流难以留下交流的痕迹，不能够很好的保留，因此由于当时生产技术水平所限，人们通过在绳子上打结来记录相关事件，而且根据事件的时间、数量等要素打成不同形式的绳结。如图 1-8 所示。

图 1-8　结绳记事

2. 汉字的发展

甲骨文和金文是迄今所知最为古老的汉字体系，当时人们尊尚鬼神，遇事占卜。他们把卜辞刻在龟甲和兽骨的平坦面上，涂上红色标示吉利，黑色标示凶险。它可以看做是最早的书籍形态。如图 1-9、图 1-10 所示。

图 1-9　甲骨文

图 1-10　甲骨文

比甲骨文稍晚出现的是金文，金文也叫钟鼎文。商周是青铜器的时代，青铜器的礼器以鼎为代表，乐器以钟为代表，“钟鼎”是青铜器的代名词。所以，钟鼎文或金文就是指铸在或刻在青铜器上的铭文。如图 1-11、图 1-12 所示。

图 1-11　甲骨文

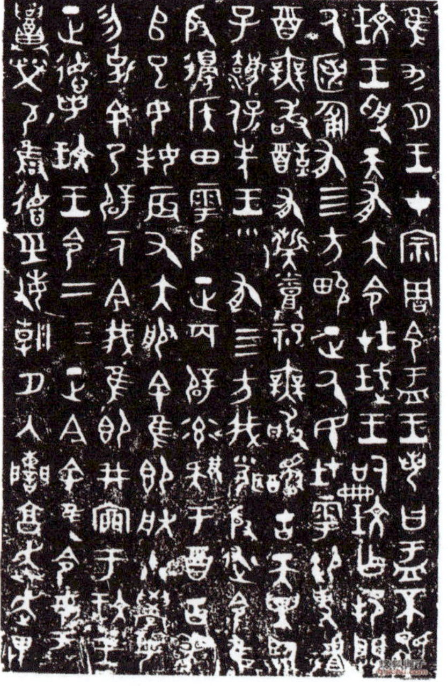

图 1-12　甲骨文

1.2.2　中国传统书籍设计的形式

1. 简策

中国早期的书籍形式之一。在造纸技术发明以前，中国古代书籍主要是用墨写在竹木简上。人们将竹木削磨、修整成细条单独的竹木片叫做“简”，把若干简编连起来就叫做“策”，这是现在称 1

本书为 1 册书的起源。由于竹木易得，书写记事比甲骨、青铜、玉石等记事材料方便，篇幅不受限制，编连成策后阅读存放也较便利，因而书籍的生产比过去容易得多。中国先秦时期的古籍，最初就是写在简策上而流传下来的。在纸张发明并推广普及以后，大约在公元 4 世纪的东晋时期，简策才基本绝迹。如图 1-13、图 1-14 所示。

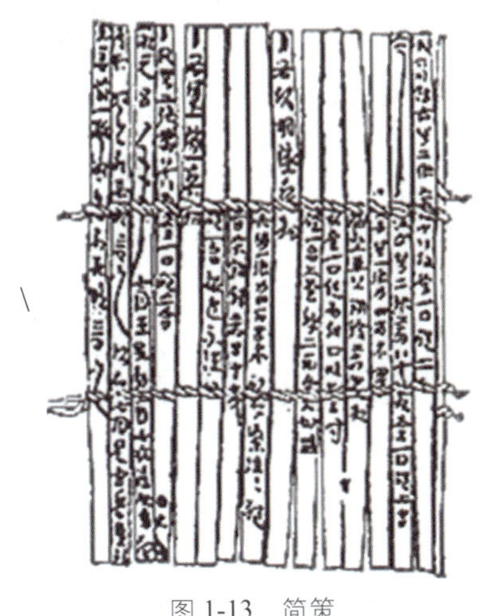
图 1-13　简策

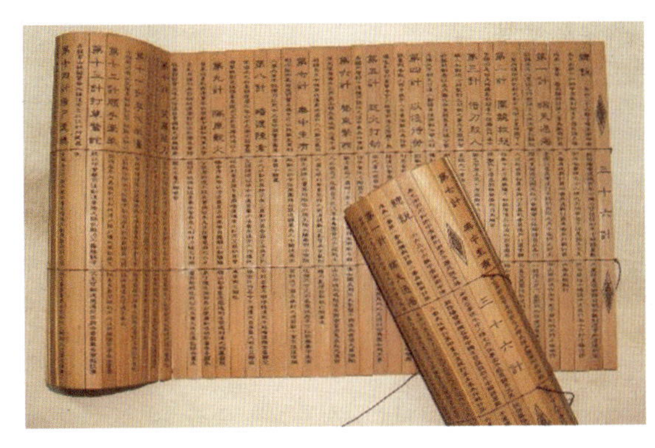
图 1-14　简策

2. 帛书

尽管简策沿用了很长时间，也有很多缺点和不足。首先是太重，书写时不便利，阅读不方便。“孔子晚而喜易，韦编三绝”是说孔子晚年时喜欢读易经，经常翻阅使得连接的简之间的韦磨断了数次。随着技术的发展，在战国时期人们发明了白色的丝织品帛，进而人们利用这种轻便的材料在此上面书写，称为帛书也叫缯书，如图 1-15、图 1-16 所示。

图 1-15　帛书

图 1-16　帛书

3. 卷轴

卷轴装始于帛书，隋唐纸书盛行时应用于纸书，以后历代均沿用，现代装裱字画仍沿用卷轴装。

卷轴装是由简策卷成一束的装订形式演变而成的。卷轴装由卷、轴、飘、带四部分组成，其方法是在长卷文章的末端粘连一根“轴”（一般为木轴，也有采用珍贵的材料的，如象牙、紫檀、玉、珊瑚等），将书卷卷在轴上。卷首一般都粘接一张叫做“飘”的，是一张质地坚韧而不写字的纸，有的是绫、绢等丝织品，飘头再系以丝“带”，用以保护和捆缚书卷。丝带末端穿一签，捆缚后固定丝带。缣帛的书，文章是直接写在缣帛之上的，阅读时，将长卷打开，随着阅读进度逐步舒展。阅读完之后，再将书卷随轴卷起，用丝带扎起，放置在插架上。卷轴装这种装帧形式应用的时间最长，一直到今天，装裱的字画长卷仍沿用卷轴装。

阅读时，与简策相比，卷轴装舒展自如，可以根据文字的多少随时裁取，更加方便。卷轴除了记录传统经典外，还用于收录众多宗教经文。如图 1-17、图 1-18 所示。

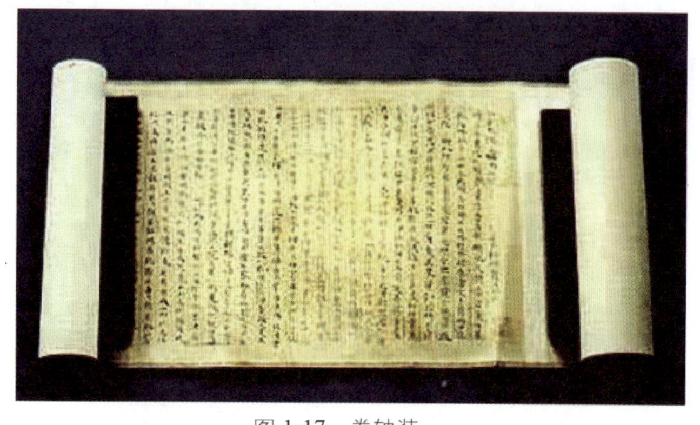

图 1-17　卷轴装

图 1-18　卷轴装

4. 经折装

中国古书装帧形式之一，亦称折子装，大致出现、流行于 9 世纪中叶以后的唐代晚期。隋唐时期是佛学发展的鼎盛时期，佛教的广泛传播，意味着佛弟子对佛教经典诵读研译的频繁。因此，就要求佛经装帧形式与之相适应，以便于翻阅。但佛教传入中国，梵经译汉之后，便同中国固有的四部书籍一样，普遍地采用了卷轴装，这就出现了卷舒不便的问题。为此，便从佛经入手，改造卷轴装。具体办法是将长条的卷轴装佛经依一定行数左右连续折叠，最后形成长方形的一叠，再在前、后各粘裱一张较厚的纸，作为护封，也叫做书衣、封面。由于是改造佛经卷子装而成为互相连属的折子装，故名经折装。它的出现标志着中国书籍的装帧完成了从卷轴装向册叶装的转变。

清代高士奇《天禄识余》说：“古人藏书皆作卷轴……此制在唐犹然。其后以卷舒之难，因而为折。久而折断，乃分为簿帙，以便检阅。”表明经折装的确来源于卷轴装。如图 1-19 至图 1-21 所示。

图 1-19　离骚 刘晓翔设计

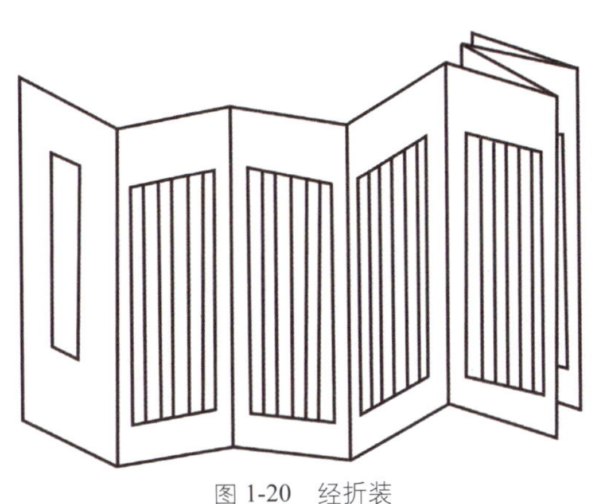

图 1-20　经折装

图 1-21　经折装

5. 旋风装

旋风装是中国古代图书的一种装订形式之一，亦称“旋风叶”、“龙鳞装”。在经折装基础上加以改造的，唐代中叶已有此种形式。其形式是：长纸作底，首叶全裱穿于卷首，自次叶起，鳞次向左裱贴于底卷上。其特点是便于翻阅，利于保护书叶。旋风装既保存了卷轴装有利于保护书页的长处，也具有版面缩小、阅读方便的优点。它的弱点是，它毕竟只是一种卷轴装的改进形式，终究不能摆脱卷轴装的外壳，经过长时间的翻阅之后，折叠的地方仍会断裂，断裂后书就成了一张张的散页。直到雕版印刷术的发明和印本书出现之后，这种装订方式才得到进一步改变。如图 1-22、图 1-23 所示。

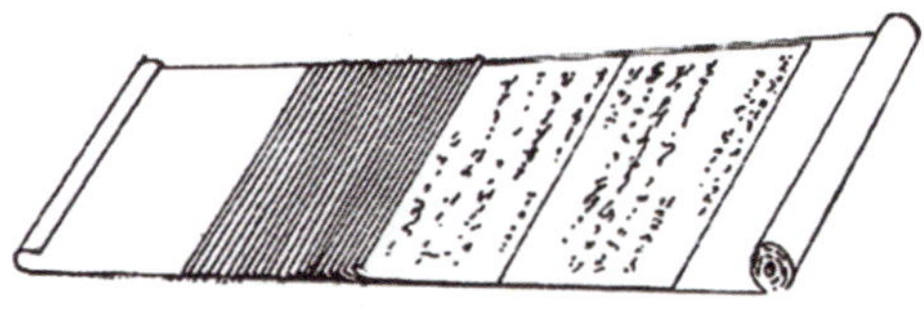

图 1-22　旋风装

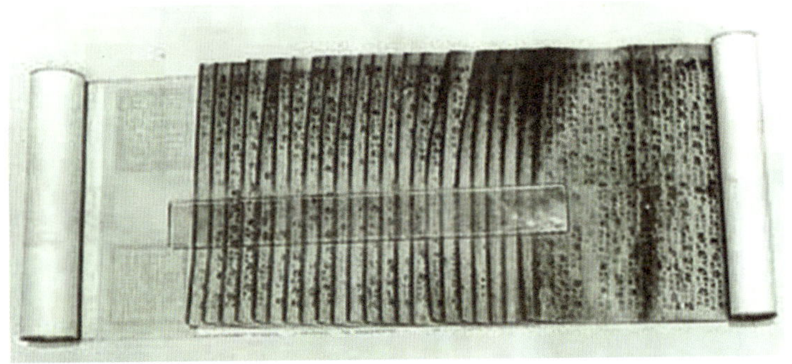

图 1-23　旋风装

6. 蝴蝶装

所谓蝴蝶装，就是单面印成书页之后，把有文字的一面朝里对折起来，再以中缝为准，将全书各页对齐，用浆糊粘附在另一包背纸上，最后截齐成册。因为用蝴蝶装装订成册的书籍翻阅起来如蝴蝶两页翻飞、飘舞，所以称之为蝴蝶装，简称“蝶装”，又称“粘页”。蝴蝶装只用糨糊粘贴，不用线，却很牢固。蝴蝶装吸取了旋风装单页的特点，又吸取了经折装中正折的方法。蝴蝶装的“编”仍为粘，书口与书口之间用浆糊粘连。这完全不同于卷轴装、旋风装、经折装中的粘接成长纸的形式，是单页的粘连，更接近于线装书的完整形式，这是一个质的飞跃。蝴蝶装也并非十全十美，它也有很明显的缺点：因为版心向内，左右边栏分别向外，所以翻阅起来必然是看一页需要翻动两页空白页才能连续地读下去，阅读起来仍然很不方便，到了元代，蝴蝶装终究被包背装所代替。如图 1-24、图 1-25 所示。

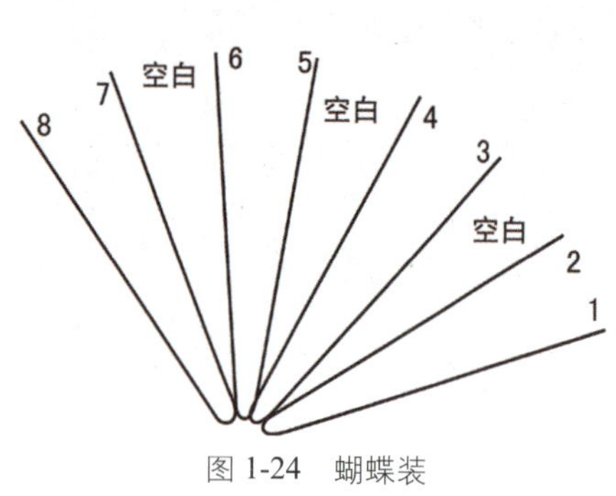

图 1-24　蝴蝶装

图 1-25　蝴蝶装

7. 包背装

《中国书装源流》中说："盖以蝴蝶装虽美，而缀页如线，若翻动太多终有脱落之虞。包背装则贯穿成册，牢固多矣。"因此，到了元代包背装取代了蝴蝶装，把印好的书页白面朝里，图文朝外对折，然后分配页码后，将书页折缝边撞齐、压平。再把折缝对面的页边，粘着一张包背的纸页上，包上封面，使其成为一整本书。这样的装订方式称为包背装。包背装实际是线装本的前身。如图 1-26、图 1-27 所示。

图 1-26　包背装

图 1-27　包背装

8. 线装

古代书籍的最后一种形式是线装书。锁线的针法有如下几种：四针订法、六针订法、八针订法。与包背装有很多相似之处，将单面印好的书页白面向里，图文朝外对折，经配页排好书码后，朝折缝边撞齐，使书边标记整齐，并切齐打洞、用纸捻串牢，再用线按不同的格式穿起来，最后在封面上贴以签条，印好书根字（即书名），成为线装书。区别在于护封，是两张纸分别贴在封面和封底上，书脊、锁线外露。如图 1-28、图 1-29 所示。

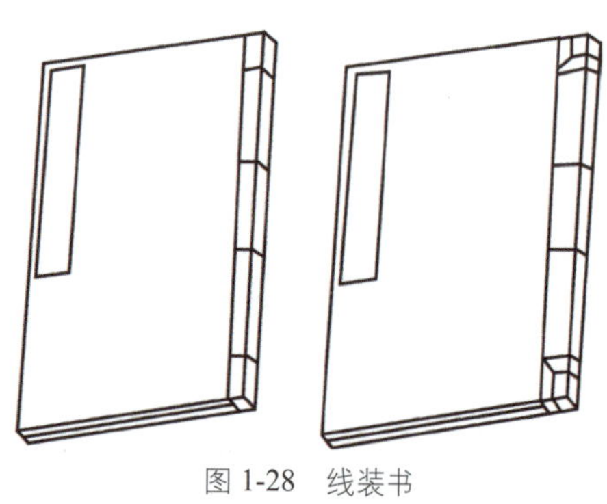
图 1-28　线装书

图 1-29　线装书

1.2.3 现代书籍设计的形式

1. 现代书籍发展过程

我国的书籍装订形式随着生产水平的发展，以及人们审美需求的不断提高，从简策到帛书到线装书经历的上千年发展，到了近代特别是五四运动之后，书籍的艺术形式脱离了古代的书籍形式，转向现代书籍生产工艺与艺术形式。当时书籍装帧界比较有代表性的人物有：鲁迅、陶元庆、丰子恺、钱君匋等，这一时期的书籍设计几乎集中了中国现代书籍装帧的所有风格和特征。例如运用中西绘画、传统风格、装饰风格、文学的象征性等元素设计书籍封面，成为中国现代书籍封面设计的开拓者和奠基人。作为中国现代书籍装帧史的开端，五四时期的书籍封面设计，有着继往开来的历史价值。没有欧洲“新艺术”运动那样轰动一时，但是它像一座里程碑一样见证着中国人在这一领域里所走出的每一步。今天对它进行重新学习与研究，研究书籍装帧设计历史的演变，总结前人经验，在此基础上摄入现代气息，是时不我待的事。如图 1-30、图 1-31 所示。

图 1-30 《小彼得》 鲁迅

图 1-31 《呐喊》 鲁迅

五四运动以后，经过前辈的书籍装帧艺术家的努力和积淀，使得书籍装帧设计逐步形成了具有独特民族韵味的艺术形式，不断地向民族化与世界化迈进的趋势。这种形式已经不适用于线装书，因此平装书与精装书逐渐走向主流。闻一多曾赴美国留学，进入芝加哥美术学院学习。通过 3 年美术学院的专业学习，接触到西方的现代艺术设计，他的艺术水平进一步提高。比如 1931 年为徐志摩的《猛虎集》设计封面，将毛笔的线条直接放在封面上，带有机理的毛笔线条又正好给人以猛虎皮毛纹路的错觉，有异曲同工之妙。在当时的中国民国，书脊的插图往往局限在封面上，而《猛虎集》则采用了跨书脊的设计，纹路直接穿越书脊在封底同时出现，该幅作品与法国“装饰艺术”运动的平面设计师罗斯•阿德勒等人，在 20、30 年代设计的书籍封面的形式与视觉语言是极其相似的，即都是采用跨书脊的图案装饰样式。书籍装帧工艺的改进也是这次变革的主要原因，材料多采用新闻纸、印刷纸、铜版纸，从单面印刷发展到双面印刷。《彷徨》的封面设计成为当时书衣画的代表作。可是当时有人却看不懂其寓意，以为居然连太阳都没有画圆，陶元庆只好愤愤地说：“我真佩服，竟还有人以为我是连两脚规也不会用的！”如图 1-32、图 1-33 所示。

图 1-32 《猛虎集》闻一多

图 1-33 《彷徨》陶元庆设计

随着科技的进步和发展，铅印技术的出现，照相制版的诞生，电脑的发明与使用，特别是 20 世纪 70 年代以后，书籍设计得以复苏，现代化的印刷设备的更新，形形色色的装帧材料的出现，让书籍设计无论是形式上还是内容上呈现多元性的变化。特别是电脑技术的实现，使得书籍装帧设计达到前所未有的灵活性与广泛性，装帧设计逐渐走向了成熟。《怀袖雅物：苏州折扇》封面的印刷采用的是现代的印刷技术并配以烫金，显得整本书格外的端庄华丽。如图 1-34、图 1-35 所示。

图 1-34 《怀袖雅物：苏州折扇》 吕敬人 _ 吕　设计

图 1-35 《怀袖雅物：苏州折扇》 吕敬人 _ 吕　设计

2. 现代书籍主要形式

（1）平装书

平装指一种总结了包背装和线装优点后进行改革的书籍装帧形式，也是一种平面订联成册、使用较多的装帧方法。平装根据现代印刷的特点，先将大幅面页张折叠成帖、配成册，包上封面后切去三面毛边，就成为一本可以阅读的书籍。以前是钉印，目前用胶印的比较多。这种书的印刷和生产比较普遍，常用于一般的书籍与杂志。如图 1-36、图 1-37 所示。

图 1-36　国外书籍设计

图 1-37　国外书籍设计

（2）精装书

精装书籍在清代已经出现，是西方的舶来方法。后来西方的许多像《圣经》、《法典》等书籍，多为精装。清光绪二十年美华书局出版的《新约全书》就是精装书。封面镶金字，非常华丽。精装书最大的优点是护封坚固，起保护内页的作用，使书经久耐用。精装书的内页与平装一样，多为锁线钉，书脊处还要粘贴一条布条，以便更牢固的连接和保护。护封用材厚重而坚硬，封面和封底分别与书籍首尾页相粘，护封书脊与书页书脊多不相粘，以便翻阅时不致总是牵动内页，比较灵活。书脊有平脊和圆脊之分，平脊多采用硬纸版做护封的里衬，形状平整。圆脊多用牛皮纸、革等较韧性的材质做书脊的里衬，以便起弧。封面与书脊间还要压槽、起脊，以便打开封面。精装书印制精美，不易折损，便于长久使用和保存，设计要求特别，选材和工艺技术也较复杂，所以有许多值得研究的地方。如图 1-38 所示。《水浒传》大红色的封面包裹在木质感的书套内，封面中一凸一凹的设计使得画面更具层次感，如图 1-39 至图 1-42 所示。

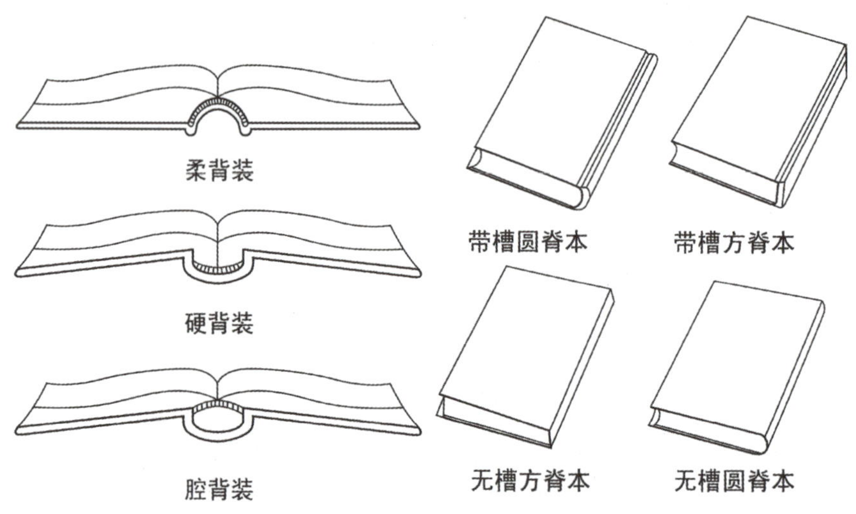

图 1-38　精装书的装订方式

图 1-39　精装书

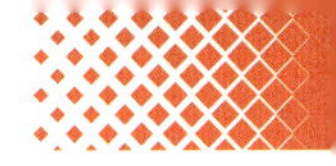

图 1-40　《水浒传》精装书

图 1-41　《水浒传》精装书

图 1-42　《水浒传》精装书

（3）电子书

一个新媒介的出现会给社会带来新鲜的空气，传统书籍以某种特定物为主要材料，图与文通过实体进行展现，由于是一个个面的并列，所以会形成一定的体积，并且在书籍的形态上结合不同材料的表现，使书籍信息传达更具有独创性和完整性。而电子书以阅读器、PC 机和笔记本电脑为主要的实体。读者通过显示器来阅读书籍的内容，电子书籍的信息传达在原来的传统书籍的图文基础之上，加入了视频、音乐使得电子书的阅读更加立体化。如图 1-43 所示。

图 1-43　电子书

1.2.4　西方书籍设计的形式

国外书籍装帧同样经历了漫长的发展演变过程，大致可以分为三个阶段，即是原始书籍装帧阶段、

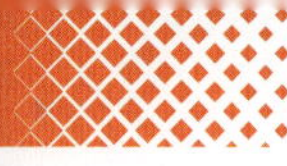

古代书籍装帧阶段和现代书籍装帧阶段。其中，从公元前 2500 年至 13 世纪，中国的造纸术传入西方原始书籍装帧阶段，书籍装帧的材料大多是蜡书和羊皮书。蜡书和羊皮书标志着书籍发展进入了崭新的阶段，中国的造纸术和印刷术传入西方后，国外的书籍装帧进入了古代书籍装帧阶段。12 世纪以后，以欧洲为中心的西方书籍设计又相继经历了古登堡时期和文艺复兴以及现代书籍设计阶段。

1. 古登堡时期

12 世纪，欧洲文艺复兴带来了文化的大量需求，文化的广泛传播，使当时的书籍开始走向宗教领域的垄断而向专业化和大众化发展。13 世纪后期，德国人古登堡发明了金属活字印刷技术，带来了书籍设计的革命，出现了平装书、袖珍本书籍，以及供王室使用的书籍。但是，这只是图书制作和印刷术的一次革命性改变，真正的书籍设计并没有因此形成。这一时期的书籍还处于手抄本和印刷本的过渡阶段。书籍无论在内容上还是形式上，依然延续着手抄本向印刷本的过渡阶段，书籍无论是在内容上还是形态上，依然延续着手抄本的痕迹，甚至印刷出来的书籍封面还要依靠手工绘制具有装饰性的字母和插图。如图 1-44、图 1-45 所示。

图 1-44　羊皮书

图 1-45　活字印刷

2. 文艺复兴时期

16 世纪以后，文艺复兴的运动波及整个欧洲，人文主义者和印刷商、出版商紧密合作，积极探索新的书籍装帧形式。这时在欧洲出现了精装本形式的书籍，在装帧上借鉴古代简洁铭文的特征，并创造优美的罗马字体。

在这一时期的书籍设计上，对书籍的内部设计意识进一步加强，开始有了版权页、扉页以及版心设计的概念。诸如不同形态和大小文字与图形通常交互使用，形成了多层次的文本表现形式。标点符号的运用与阿拉伯数字页码的使用在一定程度上方便读者的阅读和寻找。如图 1-46、图 1-47 所示。

图 1-46　欧洲精装本书籍

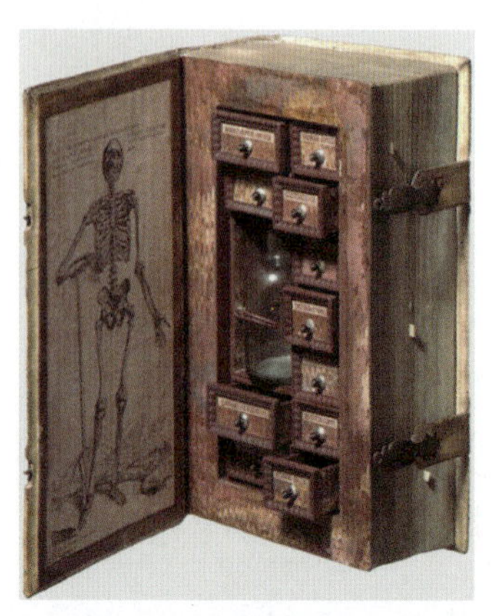
图 1-47　欧洲精装本书籍

3. 现代书籍设计时期

18 世纪 50 年代，发源于英国的欧洲工业革命推动了印刷技术的变革，机械造纸机、转轮印刷机的发明和应用提升了印刷技术的进步。石印、摄影等技术的发展使书籍的图文质量和内容形式不断完善。1860 年以后，以威廉•莫里斯和约翰•拉斯领导的工艺美术运动开创了书籍设计的新理念，其唯美主义思想推动了书籍设计革新的风潮。莫里斯在他的很多设计中大量采用装饰性字体以及纹饰，并且引用中世纪手抄本的设计理念，将文字、插图、活字印刷、版面构成等综合运用，开创了现代书籍整体性设计的先河。

19 世纪末 20 世纪初，随着现代美术运动在西方设计领域的兴起，以及工业化大生产带来的日益增加的社会需求，也使设计为公众服务的功能不断加强。

20 世纪，书籍已成为信息传达最主要的媒介，面对新的市场需求及其阅读受众，现代书籍设计业不断探索新的技术。随着锌版制造术、丝网技术以及胶版印刷技术的发明和普及，为书籍设计带来了更广阔的发展空间，同时标志着书籍设计进入了现代化的阶段。如图 1-48、图 1-49 所示。

图 1-48　《乔叟集》威廉•莫里斯

图 1-49　《乌有乡消息》扉页

1.2.5　书籍设计的目的

1. 方便阅读

书籍的主要功能是阅读，书籍装帧设计首先要求方便阅读。张铿夫《中国书装源流》说："书何至始乎？自有文字，即有书。书装何自始乎？自有书，即有装。盖字不著于书，则行之不远。书不施以装，则读者不便。装者，束也，饰也；束之以免错乱，饰之以为美观。"可见，自有文字，即有书籍，自有书籍，即有书装。图书装订的根本目的，除了"以免错乱"和"以为美观"外，更重要的是为读者提供阅读上的方便。如图 1-50、图 1-51 所示，《绿色空间采取—我自己的城市指南》书中附有一张可以展开的大图，方便查阅。

图 1-50　《绿色空间采取—我自己的城市指南》

图 1-51　《绿色空间采取—我自己的城市指南》

2. 表现书籍的内容

书籍装帧设计是设计者以情感与思想进行创作表现，把握和反映书籍内容的特殊方式。书籍的目的是用于阅读，但只是把书籍印刷、装订成册还远远不够。能够赋予书籍以美观，传达读者以美的享受，做到内容和形式相一致，才是书籍的设计目的。如图 1-52、图 1-53 所示。

《地下世界》和《天平星座》两本书籍封面以简洁明了的形式、艳丽的色彩，表达出文章的主题，耐人寻味。

图 1-52 《地下世界》

图 1-53 《天秤星座》

3. 适应读者要求

读者的年龄和价值观、物质文化需求不同，相应的阅读习惯也不同，这样就产生文化市场需求选择的多样化，决定了书籍要适应不同读者对不同书籍阅读条件的要求。如图 1-54、图 1-55 所示，《我会数一数》巧妙地运用圆洞的数量与数字相吻合，考虑到儿童探知世界的欲望，引导儿童通过触碰，感知相应的知识。

图 1-54 《我会数一数》

图 1-55 《我会数一数》

4. 提升买点 促进销售

书籍以广告设计的手法介入到书籍装帧设计领域，提高书籍的商品性，提升卖点、促进销售。《漂游放荡》一书腰封运用的洪晃等名人的点评，起到吸引眼球、促进销售的目的。如图 1-56 至图 1-59 所示。

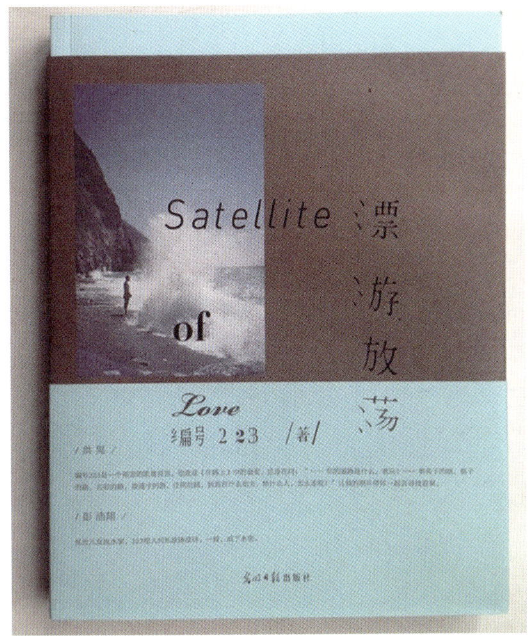

图 1-56　《漂游放荡》

图 1-57　《漂游放荡》

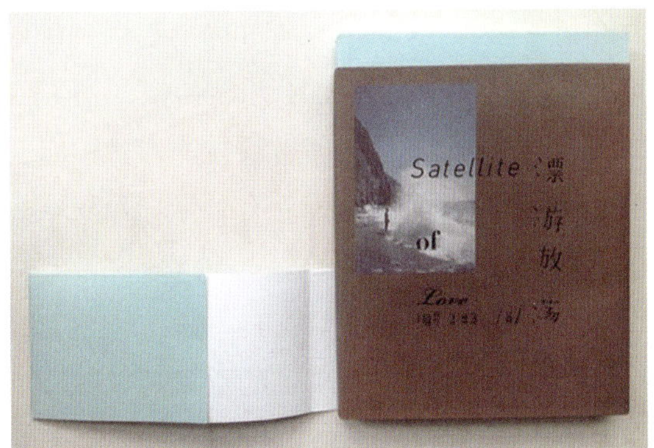

图 1-58　《漂游放荡》

图 1-59　《漂游放荡》

1.3　案例分析

1.3.1　《守望三峡》书籍设计分析

如图 1-60 所示，《守望三峡》的设计师是小马哥橙子，封面设计中令耳目一新的书法狂草“守望三峡”，黑灰色做基底，映衬出主体文字的澎湃气势，恰如“一石激起千层浪”，令你从三峡变迁中产生一种冲动和意想，此时小小的宋题书名字已退居二线，毋须承担重要角色。视觉气氛弥漫的封面已足以冲击读者的心绪，给读者带来瞬间刻画的感动。

设计者创作的《守望三峡》以其整体的、有条理的编辑设计控制，并注入“激情三峡”的情感驾驭，读者感受到三峡沧桑丰厚的文化积淀和三峡变迁的悲壮与气魄。设计者深入三峡与作者同行，跋山涉水，寻幽探今、亲临险境、亲身感受三峡的过去和未来。将作者的素材重新梳理、逻辑化整合、戏剧化地进行再设计，较好地将语言图像构建在具有节奏感的时空戏剧表演之中。图文在斑驳的视觉流动中出没，体现作者对主体内容的观察、审视后归纳出富有动感的视觉陈述方式。作为责任编辑和书籍设计二职集于一身的设计者能够主动地驾驭信息、把握传递形态、节奏层次和手段，既是一种幸运也是一种磨难，因为这需要对以往装帧概念的反思和对书籍整体设计概念重新认识。

图 1-60 《守望三峡》

1.3.2 《Genes to Cells》书籍设计分析

如图 1-61 至图 1-64 所示为日本分子生物学会主办的科学杂志《Genes to Cells》（基因到细胞）封面设计，一般而言，科学杂志都是十分专注于某个领域，杂志的设计更是大多“冷冰冰”，而《Genes to Cells》却令人耳目一新！每一期都能让科学与艺术紧密结合，以艺术家理解科技的方式，以有趣的图形呈现。Genes to Cells 根据每期的杂志主题，邀请艺术家绘制画面及设计。有时你会惊讶：这是科学杂志？

该组封面设计都采用手绘插画的形式，极具艺术感染力。每一个封面具有日本传统特色。其编排方式采用满版式编排，插画图片的运用直观明了，视觉冲击力强。上半部醒目的位置放置标题文字，层叠于图片之上，增强层次感。整体感觉既专业严谨又具有艺术欣赏性。

图 1-61 《Genes to Cells》封面设计

图 1-62 《Genes to Cells》封面设计

图 1-63　《Genes to Cells》封面设计

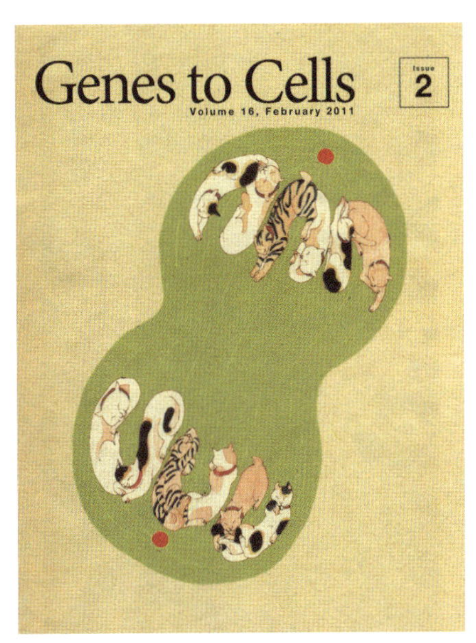

图 1-64　《Genes to Cells》封面设计

1.4　作品点评

评判一本书的设计，并非以所谓的审美概念能笼统判断的。书籍离不开信息的传达，信息概念不是平面构成，而是时间与空间流动的陈述。 如何将主题内容注入逻辑、和谐与感觉是书籍设计成败的三大基本元素。

《小红人的故事》如图 1-65 所示，设计者是全子，小红人的故事叙述了作者到乡土民间文化采风、考察所获的深切感受以及作者创作充满灵性的剪纸小红人的故事。设计一抹纯红色，浑身上下，从函套至书蕊、从纸质到装订样式、从字体的选择至版式排列，以及封面上的剪纸小红人，无不浸染着传统民间文化丰厚的色彩！

设计者熟练地运用中国设计元素，与书中展现的神秘而奇瑰的乡土文化浑然一体，让读者越读越觉出其中的丰盛滋味。整体设计纯朴、浓郁，极具个性特色。

图 1-65　《小红人的故事》

关于书名“观音”解释是戏写世道人心，人生百态，如图 1-66 所示。戏也是音。观音，观世间疾苦繁华，声声入耳，一一在心。书籍设计师余一梅巧妙地运用书法，字体硬朗与明晰，水彩灵动与飘渺，古典与时尚融汇，传统与先锋结合。

图 1-66 《观音》

1.5 课后练习

1.5.1 制作图文结合 PPT

搜集不同形式的现代书籍的设计，包括国内、国外的优秀设计作品，制作成不少于 5 页的 PPT，要求图文结合，每个图书写不少于 200 字的设计分析。参考图示如图 1-67、图 1-68 所示。

图 1-67 优秀书籍作品 PPT 设计

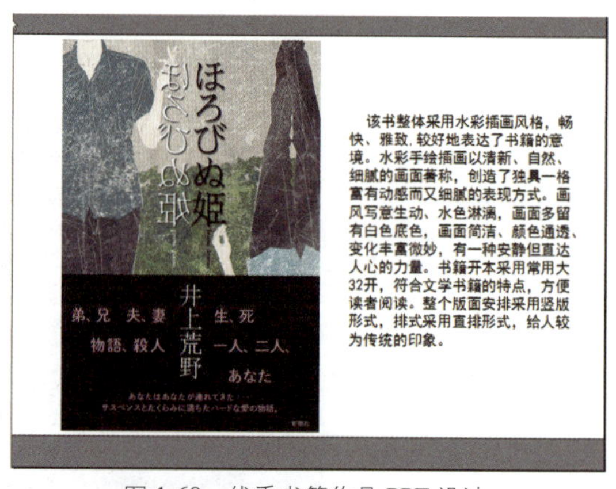

图 1-68 优秀书籍作品 PPT 设计

1.5.2　制作立体书籍

设计一本立体书籍，参考立体书籍资料，书籍内容与形式要很好地结合起来。参考图 1-69 为来自美国普拉特学院研究生 Vivi Feng 的立体书籍设计作品。

图 1-69　美国普拉特学院研究生 Vivi Feng 的立体书籍设计作品

第 2 章　书籍整体设计

书籍装帧既是立体的，也是平面的，这种立体是由许多平面所组成的。不仅从外表上能看到封面、封底和书脊三个面，而且从外入内，随着人的视觉流动，每一页都是平面的。所有这些平面都要进行装帧设计，给人以美的感受。有人用建筑艺术比喻书籍装帧。建筑艺术是空间艺术、静的艺术，然而它通过布局，可以产生韵律，造成一种流动的感觉。书籍装帧也是如此，通过封面、环衬、扉页，步步接近正文。这一连续的欣赏过程，犹如在游览中国的园林。进入园门，逐步引向深入，曲径通幽，最后进入正殿。如图 2-1 所示。

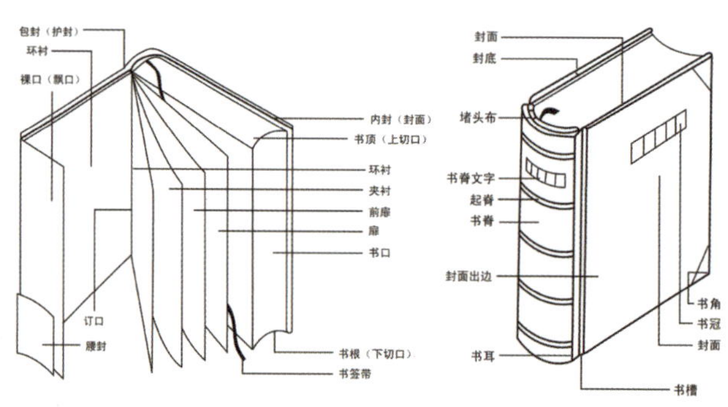

图 2-1　书籍结构图

2.1　书籍的外观设计

2.1.1　书套和护封设计

1. 书套

书套又称书函、封套、书衣等，用以包装书册的盒子、壳子或书夹统称为书套。它的主要功能是保护书籍、增加艺术感，便于携带、馈赠和收藏。书套是书籍的外衣，书套的材质选用非常考究，多根据书籍内容、风格选用不同的材质，一般的书套多采用硬纸板作为书籍材质，此外也有使用特殊材质，如木质、金属、布绸等。不同材质表现出质感也会给书籍设计增添不同氛围。一般书套有以下几种形式，抽拉书盒是目前采用比较多的书籍外包装形式，它将纸张等材料通过粘贴方式组成有一个开口的盒套。

书籍在书套中抽出，如同抽屉一样。当书籍装入时正好露出书脊，在开口处切出相应形状的切口便于书籍的抽取。《共产党宣言》书套艺术形式新颖，色彩古朴，三角形的切口便于抽取，如图 2-2、图 2-3 所示。《恶之花》书套色彩一黑一白形成鲜明对比，如图 2-4、图 2-5 所示。

图 2-2　书套设计

图 2-3　书套设计

图 2-4　《恶之花》　刘晓翔设计

图 2-5　《恶之花》　刘晓翔设计

裹装书盒就是用纸或布料将若干块贴面纸板或木板粘连成一个书籍外包装，将书籍横向包裹后只留下书籍两头露在外面。各块纸板或木板的宽度根据书籍封面及封底的宽度及书籍厚度而定，纸板或木板的高度与书籍的高度差不多，如图 2-6、图 2-7 所示。

图 2-6　书籍设计

图 2-7　书籍设计

箱式书盒是将书籍完全封包起来的书籍包装形式，其结构比较复杂，对制作工艺要求也比较高，如图 2-8、图 2-9 所示。

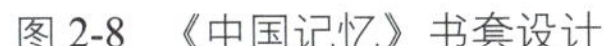
图 2-8　《中国记忆》书套设计

图 2-9　书套设计

2. 护封

（1）护封是一张扁长形的印刷品，在平装书中通常称为封面，其高度与书籍的高度相同，其长度略长于书籍，包住书籍的前封和后封。封面的组成部分是前勒口、封面、书脊、封底、后勒口。前勒口是读者打开书看见的第 1 个文字较详细的部位，一般主要放置内容简介、作者简介和丛书名称等。根据侧重点不同，若为了方便读者阅读，则应放置书籍内容简介；若为了突出作者形象，则应放置作者简介；若为了推荐相关书籍，则应放置丛书名称。后勒口在内容上是最简单的，一般只有编辑者及丛书等文字说明。如图 2-10 所示。

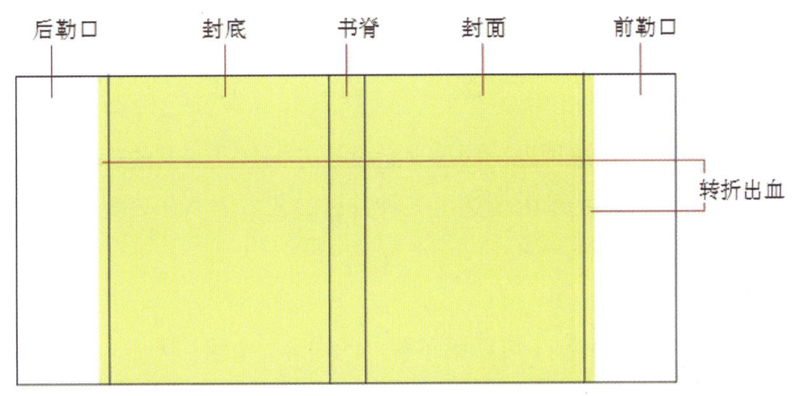

图 2-10　护封

护封类似于小型的广告，它们犹如一个个无声的推销员争着告诉读者有关信息，同时又用有趣且清新的设计，吸引读者的眼球令他们经不住诱惑。书籍放置在书架上，读者经常翻阅，进行挑选反复放回，一本书往往要经过很多次的翻阅才被卖出，这一过程要经过反复的摩擦，护封起到了保护书籍的作用，这就要求护封设计与应用要合二为一。如图 2-11 至图 2-13 所示。

图 2-11　护封设计

图 2-12　护封设计

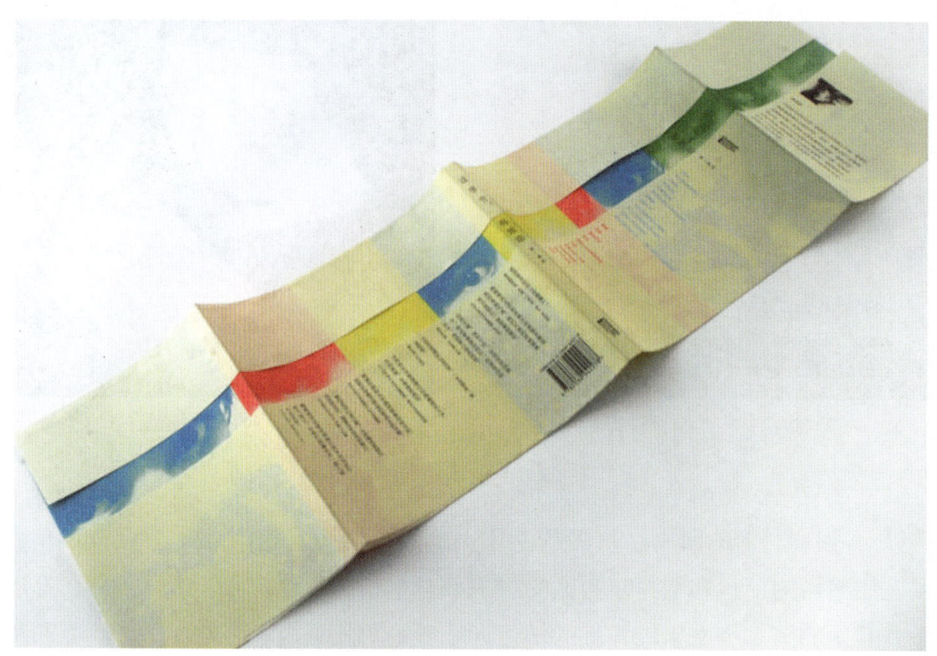

图 2-13　护封设计

（2）护封设计之创意

构思是护封设计的开始也是书籍设计的灵魂。在构思中，我们要对书籍有一个全面深刻的了解。并对书籍的主题和内容进行归纳和总结。需要全盘考虑在护封设计中可能运用到的色彩、文字、图像等各种元素。

①构思

书籍装帧护封设计的第一步就是构思，构思立意设计者把自己对书的理解和感受在头脑中形成想法与构思，经过反复推敲，想象在艺术上传达出某种特有的艺术语言和表现风格，可以说它从本质上决定了设计者和作者的品味。

②概括

书籍设计者在对一本书护封设计前，应熟悉了解书的内容、主题、特征、风格等，包括作者的风格，概括出书的主题，努力寻找它们和设计之间的联系，并按照自己的设计意图去发挥，去进行再创造。

③发挥

人类杰出的艺术本领就是想象，想象是人类的财富，想象能带来艺术无限的变幻。人类认识世界越深，就越不满足对世界的描述和表现。因此读者要求书籍装帧设计要有更多形式的更高意境，书籍设计者要具备更丰富的想象力，它是书籍设计的源泉，通过想象和寓意等手法来反映书籍的内涵和风格。

④提炼

构思过程收集了大量的素材，叠加容易简化难，构思往往很多，堆砌就很多，对多余的细节不忍舍弃。著名的设计大师张光宇先生说过“多做减法少做加法”，对于不重要的可有可无的形象和细节，坚决忍痛割爱。在设计中，可用具象形象概括抽象概念和意境，也可以用抽象的形象来寓意具体的事物，这就是用一种象征的表现手法。用红色象征热烈，用青松象征长寿。

⑤创新

在书籍装帧设计中流行的样式、常用的手法、俗套的语言、常见的构图、习惯的技巧都是创新的大敌。不落俗套，标新立异，要有新的创新要有孜孜不倦的探索精神！

2.1.2　封面设计

书籍封面是指书脊的首页正面，即裹在书芯面的一页，往往不只是狭义上的书籍的正面，而是包含了书脊和封底的整体。封面设计在一本书的整体设计中具有举足轻重的地位，书籍封面设计集中了书籍的主题精神．它是书籍装帧设计的一个重点。图书与读者见面，第一印象就是封面。一幅好的封面不仅能招徕读者，使之一见钟情，而且耐人寻味，令人爱不释手。

封面文字一般都比较简练，主要是书名（包括丛书名和副书名）、作者名和出版社名称等。封面上的图形包括摄影、插图和图案等，有具体的，有抽象的；有写实的，也有写意的文字。以一个完整的图形横跨封面、封底和书脊。

一本书所包含的内容相当繁杂，首先，按照出版社规范，封面上必须有书名、条码、定价，条码也必须放在规定的位置上，其次，从艺术表现上讲，在一幅画面有限的封面上根本不可能全部实现，也不需要把所有的内容展示齐全。设计者只是从整体上把握书籍的精神内涵，并对其进行高度的浓缩、概括，从中提炼出最能体现书籍内容性质的视觉形象，并通过点、线、面为要素的平面构成方法，加上色彩的巧妙结合，形成一种富有表现力的形式语言，把一本书的气质、性格概括出来。至于设计者如何通过具体视觉语言和表现手段将一部分的内容展示给读者，那是我们下面所研究的重点。《Extrabold》这本书的封面采用夸张的面部与其标题相呼应，设计独特，画面冲击力强，引人注意，如图 2-14、图 2-15 所示。

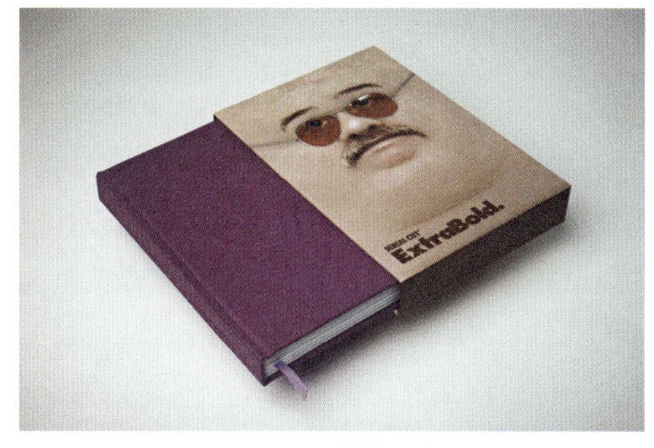

图 2-14　封面设计

图 2-15　封面设计

《山静居画论》中说："作画必先立意，以定位置，意奇则奇，意高则高，意远则远，意深则深，意古则古，庸则庸，俗则俗矣。"作画如此，封面设计也是如此。意奇、意高、意远、意深、意古，艺术感染力就强，就能唤起读者的读书之乐，所以关键在于封面设计的创意。"意"是借用中国画的专用名词，即指画家的意念、意向。书籍封面设计者的立意必须研究书的内容特点、性质和读者对象，通过提炼概括，把握书的精神内涵，而后将意象语言转化为有意味的形象符号，并用恰当的艺术手段表现出来。这一思维过程是从抽象到具象、又从具象到抽象的过程。立意是确定精神形象，而写意则是运用封面的形式因素把它表现出来。在封面设计的艺术表现中，写意是核心，写实应从属于写意；抽象是主要手段，具象应成为抽象的补充。

我们在为书籍设计封面的时候，应特别注意设计语言的含蓄的表达方式。任何书籍都有其独特的性格特征，这一性格特征正是我们在封面设计中要表达的重点。我们不可能将书中的所有内容都一一展现在封面上，因此只能通过对文字、形象、色彩、构图护封设计的四大要素进行组织加工，形成符合书籍设计性格特征的画面。书籍设计是否成功就在于设计者是否能选择恰当的形象和处理形象。我们知道一种事物的认识角度是多方面的。同样，一种主题的表现角度也是多方位的，因此，不同的设

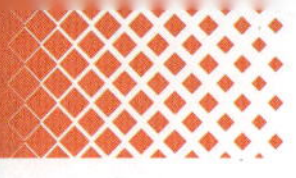

计师对于同样主题设计创意点是不同的，所以他们为书籍设计所选择的形象符号是不一样的。选择想象往往要根据书籍市场竞争的实际需求，所选形象则是带有一种指向性的形象符号，它并不是面面俱到的形象符号。设计师要选择恰当的形象，首先应选择恰当的信息点。根据信息表现的需要来决定形象，进而加以典型处理。处理形象及其相互关系，如封面的形象、色彩、字体形态、版面结构布局和书脊、封底、护封、扉页、内页等关系是否协调。我们在选择形象和处理形象的过程中，要注意信息点的选择不要过多，否则容易陷入盲目的罗列与堆积。如图 2-16、图 2-17 所示。

图 2-16　封面设计

图 2-17　封面设计

在封面设计中，除了图形与色彩，字体的组织在书籍装帧中也是一个非常重要的环节，文字的选择以及它的大小、层次、位置、排列方法、色彩都应与整个构图密切配合，使文字成为护封设计中完美的组成部分。文字比形象更容易与封面、扉页、正文的风格相互协调。护封中的题目文字最为重要。充满活力的字体何尝不是根据书籍的体裁、风格、特点而定。《ROMAND'UNE GARDE-ROBE》封面中字体的排列同样像广告设计构图中所讲述的，把它们视为点、线、面来进行设计，有机地融入整幅画面结构中。参与各种排列组合和分割，产生趣味新颖的形式，让人感到言有尽而意无穷。如图 2-18 所示。

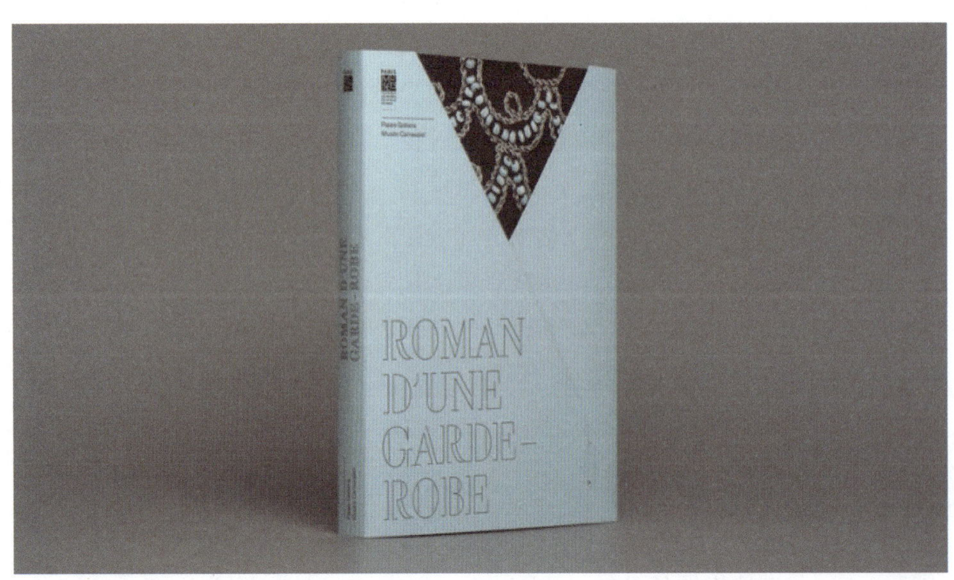

图 2-18　封面设计

图 2-18　封面设计（续）

2.1.3　封底设计

封底设计通常用来摆放一些相对次要的信息，例如图书简介、作者简介等内容，而且设计时通常不会太复杂，除了因为封底的瞩目程度、曝光率外，还因为是在整体设计中，封底的设计不能喧宾夺主。相对于封面来说，封底的设计一般比较简单。简装书籍的封底主要有出版者标志、丛书名、价格、条码、书号及丛书介绍等。对于有勒口的书籍，这些信息可以放在后勒口上。在设计方式上它是与封面视觉信息的延续和传递，封面设计不能独立设计，与封面的设计完全相同或是大体相同，但在颜色上较单纯或去掉其中的主体图像文字。封底并不是可有可无的部分，它与封面、书脊、封底是不可分割的整体。《Dekho》这本书封面与封底的采用同样的斑马纹饰，橙色与黑色相间，充盈着异域风情，摊开书本仿佛有一对眼睛在注视着我们，令人耳目一新，如图 2-19 所示。

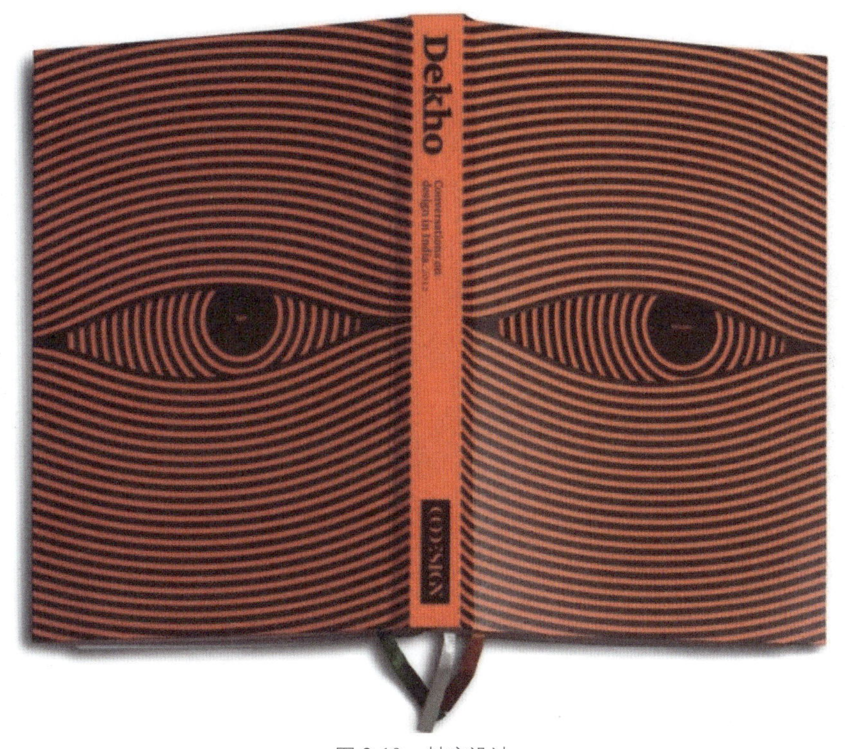

图 2-19　封底设计

2.1.4　书脊设计

书脊又称封脊，即书的脊背书背当图书立于书架上又作为图书整体形象的代表呈现在读者眼前，

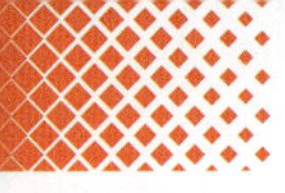

它连接书的前封和后封，是书籍成为立体形态的关键部分。书籍往往会忽略它的三维性，是一个六面体，不是简单的二维空间实现它的设计，因此在设计中书脊的厚度要计算准确。这样才能确定书脊上的字体大小，设计出合适的书脊。通常书脊上部放置书名，字号较大，下半部分放置出版社名，字号较小。如果是丛书，还需要印上书名。多卷成套的要印上卷次。厚本书脊可以用来进行更多的装饰设计，例如精装书就常采用烫金、压痕、丝网印刷等诸多工艺来处理。它不仅仅是具备为了查找方便的实用性功能，而且有着很强的审美性。书籍名称的排列有以下几种，如图 2-20 至图 2-22 所示。纵排书脊名称、横排书脊名称、纵排边缘名称。如图 2-23 所示，该书采用横排的书籍设计形式，书脊的色彩与样式设计和内页交相呼应。

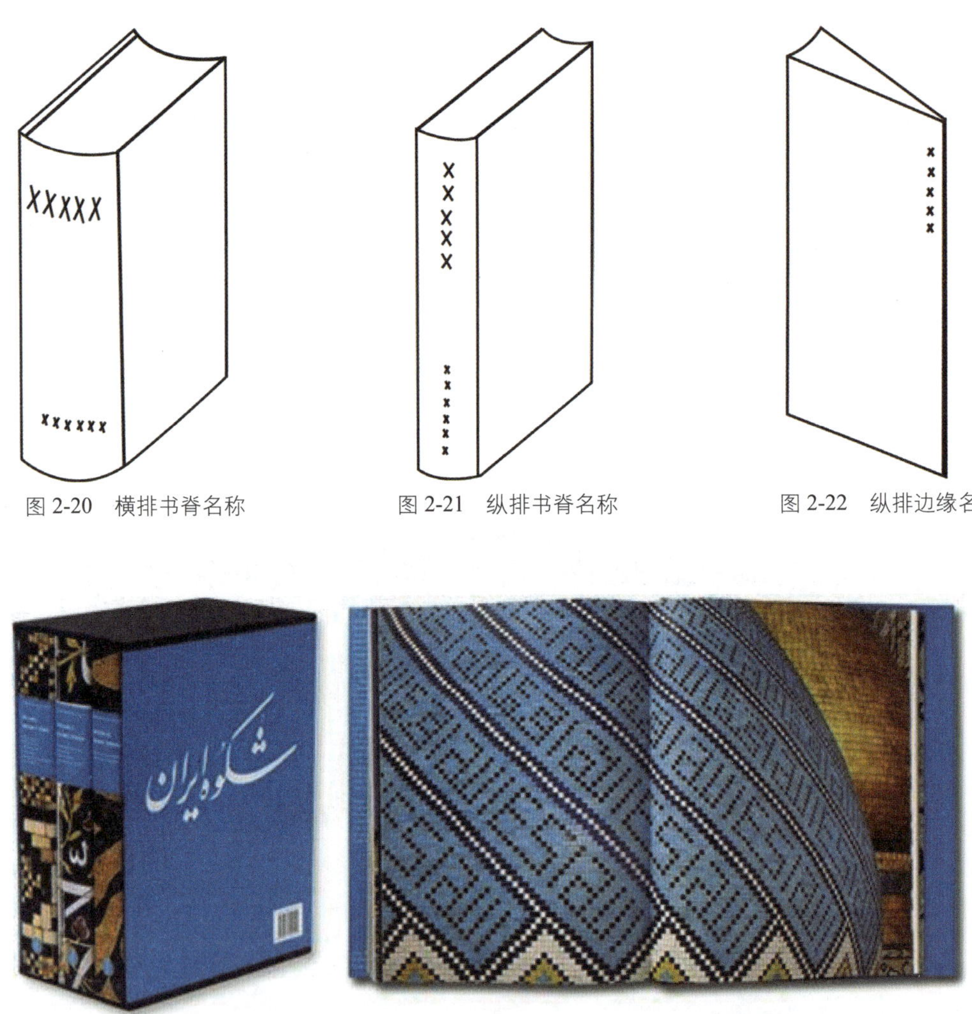

图 2-20　横排书脊名称　　图 2-21　纵排书脊名称　　图 2-22　纵排边缘名称

图 2-23　书脊设计

2.1.5　腰封设计

腰封亦是套在函套外面，没有函套的书籍大多把套在护封外。腰封的基本功能有两个：一是套在函套外，可以起到广告作用，在字体、图形和色彩的结构布局上与整个书籍设计风格相适应，以对书籍的宣传为重。另一个功能是套在函套外，可使插入函套内的书籍不会轻易甩出。这两种护封外的腰封，都要从形式美的角度把握好腰封的形象，与护封的形象紧密配合。与护封相比，腰封设计往往采用以虚带实，以简衬繁、以色比素、静中有动、动中有静的形式，让腰封色彩和字体的布局结构成为护封主题内容的延伸。腰封上的设计要素与护封的主题形象相互呼应，能使读者看到，有腰封的书籍是一种面貌，摘掉腰封的书籍是另一种面貌。《死者的警告》如图 2-24 所示，是一本悬疑小说，在腰封的设计中，加以明显的广告宣传元素，悬疑大师蔡骏力荐，提升了读者的关注度。《钱多多嫁人记》如图 2-25 所示，整个封面设计风格轻松明快，特别是腰封的设计。加入柔性的线条表现，广告语“职场杜拉拉情场钱多多”迅速提升了人气。

图 2-24　《死者的警告》第 7 印象·白咏明设计

图 2-25　《钱多多嫁人记》余一梅设计

2.2　书籍的内部设计

2.2.1　勒口设计

前勒口是读者打开书看见的第 1 个文字较详细的部位，一般主要放置内容简介、作者简介和丛书名称等。根据侧重点不同，若为了方便读者阅读，则应放置书籍内容简介；若为了突出作者形象，则应放置作者简介；若为了推荐相关书籍，则应放置丛书名称。

后勒口在内容上是最简单的，一般只有编辑者及丛书等文字说明。如图 2-26 所示。

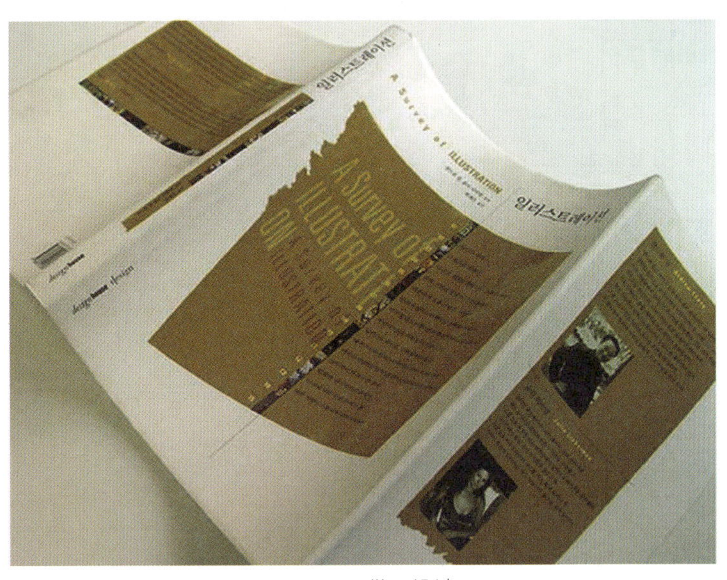

图 2-26　勒口设计

2.2.2 环衬设计

无论打开正反面封面．总有一张连接封面和内页的版面，叫做环衬又叫蝴蝶页，目的在于封面和内心的牢固不脱离。精装书的环衬设计也很讲究，采用抽象的肌理效果、插图、图案，也有用照片表现，其风格内容与书装整体保持一致。但色彩相对于封面要有所变化，一般需要淡雅些，图形的对比相对弱一些，有些可以运用四方连续纹样装饰，产生统觉效果．在视觉上产生由封面到内心的过渡。《十四家》设计风格古朴，泥土的颜色与斑驳的砖墙，映衬出农民面朝黄土背朝天的艺术形象，与中国农民生存报告主题相吻合，如图 2-27、图 2-28 所示。

图 2-27　《十四家》

图 2-28　《十四家》

2.2.3 扉页设计

一本书翻开第一页就是扉页，它是正文前面组成的页篇，必须和正文以及整体书籍设计风格一致，它的作用犹如庭院的影壁、迎门的屏风，它对人们阅读求知的神思起到内衬缓冲的作用。打开书籍阅读前的引导，它与封面设计风格，文字信息一脉相承。在书籍的目录或前言的前面设有扉页，如图 2-29 所示。目前国内外的书籍多采用护页、正扉页而直接进入目录或前言。如图 2-30 所示，采用磨砂效果的纸张，如同一帘纱幔，朦胧而神秘。

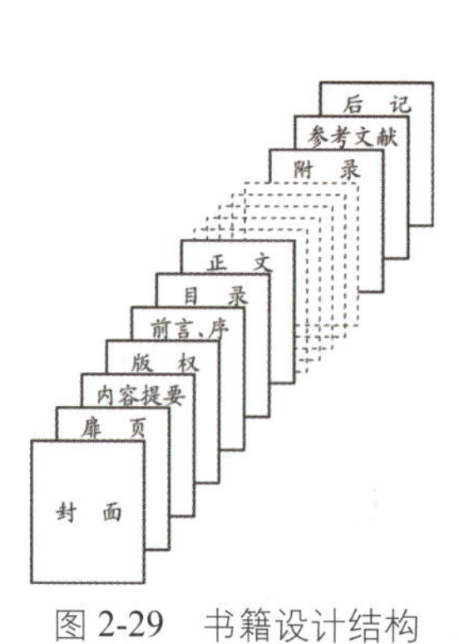

图 2-29　书籍设计结构

图 2-30　扉页设计

2.2.4 版权页

版权页是后台角色，包括书名、作者、编者、评者的姓名；出版者、发行者和印刷者的名称及地点；书刊出版营业许可证的号码；开本、印张和字数；出版年月、版次、印次和印数；统一书号和定价等。

版权页的内容较多，字体要比正文小。设计上一定要简捷一些，可以加一点装饰，但不可过于繁琐。

2.2.5　目录

目录一般放在扉页或前言的后面，字体大小与正文基本相同，大的章节标题可适当大一些。目录是全书内容的纲领．它显示出结构层次的先后。设计要求条理清楚，能够有助于迅速了解全书的层次内容。

目录一般放在扉页或前言的后面、也有放在正文之后。目录的字体大小与正文相同。大的章节标题可适当大一些。过去的排列，总是前面是目录，后面是页码，中间用虚线连接，下面排列整齐。现在的方法越来越多，除了原来的方法外，还采用竖排。从目录到页码中的虚线被省去，缩短两者间的距离．或以开头取齐，或以中间取齐，或条引和加上线条，作为分割用。目录的排列也不都是满版，而作为一个面根据书装整体设计的意图而加以考虑。有的设计讲究的画册和杂志。在空白处加上合乎构图需要的小照片、插图和图，充实内容，增加美观程度和提高视觉的兴趣性。如图 2-31、图 2-32 所示。

图 2-31　《离骚》

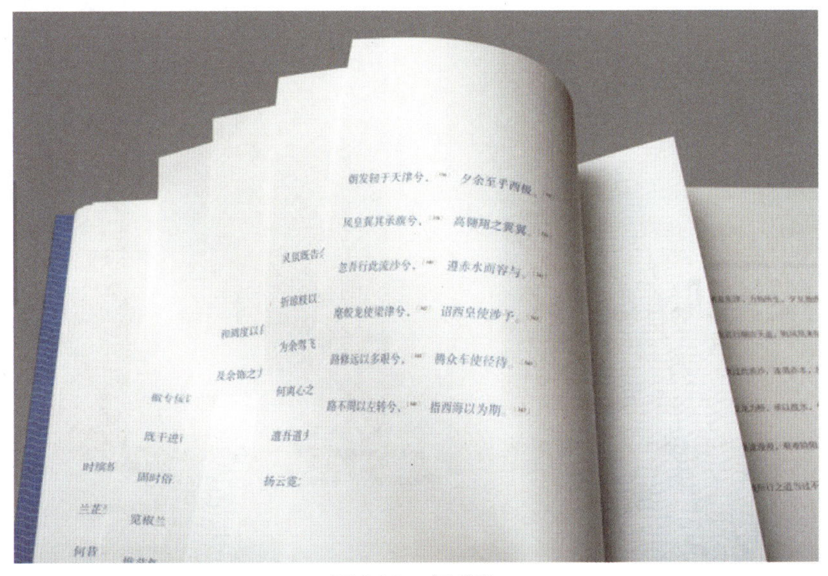

图 2-32　《离骚》

2.2.6　序言

序言是指作者或他人为阐明撰写该书的意义，附在正文之前的短文页，也有附在书籍后面称为后语页或后记、编后语等。序言的字体及字号基本与正文一样，若字数较多，可比正文字号小一点；若是特别重要的序言，字号可以大一点 。《看见》是央视著名主持人柴静的作品，序言中叙述了她创作这本书的缘由和意义，如图 2-33、图 2-34 所示。

图 2-33　《看见》

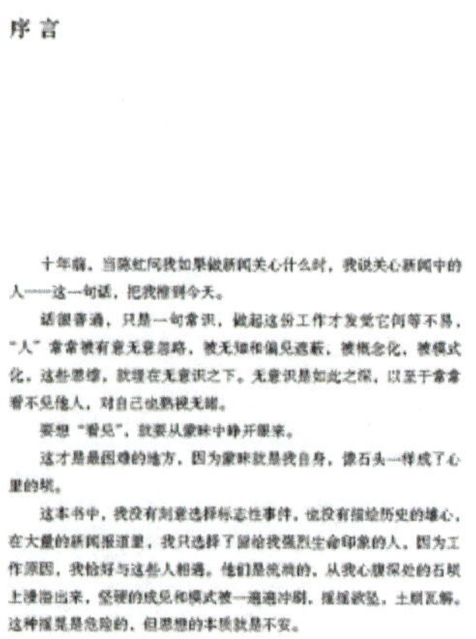

序 言

十年前，当陈虻问我如果做新闻关心什么时，我说关心新闻中的人——这一句话，把我推到今天。

话很普通，只是一句常识，做起这份工作才发觉它何等不易，“人”常常被有意无意忽略，被无知和偏见遮蔽，被概念化，被模式化，这些思维，就埋在无意识之下。无意识是如此之深，以至于常常看不见他人，对自己也熟视无睹。

要想“看见”，就要从蒙昧中睁开眼来。

这才是最困难的地方，因为蒙昧就是我自身，像石头一样成了心里的块。

这本书中，我没有刻意选择标志性事件，也没有描绘历史的雄心，在大量的新闻报道里，我只选择了留给我强烈生命印象的人，因为工作原因，我恰好与这些人相遇。他们是流动的，从我心脏深处的石块上漫溢出来，坚硬的成见和模式被一遍遍冲刷，摇摇欲坠，土崩瓦解。这种摇晃是危险的，但思想的本质就是不安。

图 2-34　《看见》序言

2.2.7　正文

正文设计包含版心、段落、页码、页眉和页脚、注释等方面，在第四章板式设计中详细介绍。如图 2-35、图 2-36 所示。

图 2-35　正文设计

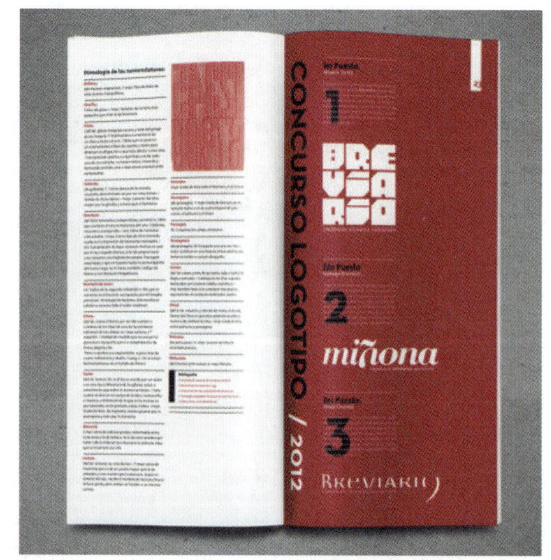

图 2-36　正文设计

2.3　案例分析

2.3.1　《杜尚 与／或／在中国》书籍设计分析

这本《杜尚 与／或／在中国》书籍设计如图 2-37 所示，采用大胆而纯粹的红色，掺入少许黑色，增加了画面的平衡感，杜尚是现代主义行为艺术大师，配合这样的红底黑色更加体现神秘感，集中体现了现代艺术的基本精神，增加了行为艺术的表现力。版式为中英文对照，双语分割位置正是“红色腰带”设定的位置；内文字体选择具有差别性，明暗处理产生空间想象力；背景材料处理层次感强，双语安排及图文版面构成变化富视觉逻辑。页码设计细微处体现杜尚的创意精神。

图 2-37　《杜尚 与／或／在中国》

2.3.2　《再会邮简》书籍设计分析

《再会邮简》是一本回忆过去年代信简的书。对珍贵的史料进行梳理再加工，将文本解构在版面的安排上进行有条理的安置，这种合理地安排同时承载各类的信息，如邮简的介绍、分析和欣赏等。竖排文字排版加强了时代的回溯感，又兼具新鲜感。书的扉页环衬的纸张使用很有特点，近似手工印制的邮签图章突显年代尘封的古旧感。整本书的色调统一，与怀旧的邮简的墨绿色相吻合。封面的装订形式别有新意，书口侧面的可翻阅的孙中山头像表明主题的时代性，吸引读者。如图 2-38 所示。

图 2-38 《再会邮简》

2.4 作品点评

整本书从形、色、意内外贯穿了主题，首先形上，封面和函盒还有书体的流水造型，以及每一页版面中流淌着水波纹图形，为一位女性作者的随笔采用了随意流淌的柔性设计，不失与水的主题表达。纸质手感与运用照片薄玻璃卡的运用产生的对比，强化了照片还原的质感。其次色上，采用深浅不一的蓝色，如潺潺流水，经流不息。从意上，与书的主题环环相扣。如图 2-39、图 2-40 所示。

图 2-39 《流水》

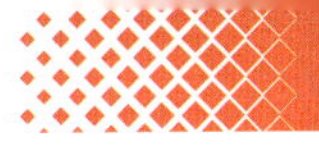

图 2-40　《流水》

《怒吼——北京鲁迅博物馆藏抗战版画展图录》，采用瓦楞纸函套配合着木版画的粗犷硬朗的线条，原木色与仿佛一块原木，黑白的版画刻在其中，图案上的主体人物，富有张力的刻画，呼之欲出的振臂怒吼，纸质朴实而有质感，印制十分精美，使得画面既细腻又很有张力。文字说明安排在页面的一角，不影响对画作的欣赏，封面与内容搭配恰到好处。如图 2-41 所示。

图 2-41　《怒吼》

2.5 课后练习

2.5.1 设计一本关于城市为主题的书籍封面

根据自己居住的城市或喜爱的城市设计绘本形式的书籍封面，设计师注意构图的简洁大方，选择合适绘制手法，能够在细节中体现出城市的特点。参考作品如图 2-42 所示。

图 2-42 《一点儿北京》

2.5.2 设计一本关于旅行为主题的整体书籍设计

根据旅行的经历创作一本旅行书籍设计，可以选择日记的形式作为整本书的基调，根据旅游地点历史文化进行筛选，并绘制插图，将它们与图片做适当的结合，使整本书看起来更像随身携带多年的旅行笔记，充满趣味与回忆。书籍设计参考如图 2-43、图 2-44 所示。

图 2-43 《异国风情千百度》

图 2-44　《异国风情千百度》

第 3 章　书籍的插画设计

3.1　插画设计概述

3.1.1　插画的定义

现代《辞海》对插画的解释，是指插附在书刊中的图画，印在正文中间或插页方式，对正文内容起补充说明或艺术欣赏作用，又名“插图”。这一词汇源自于拉丁文“illustraio”，在中英文词典中，“插画”与“插图”对应的都为“illustration”这一单词，解释插图是说明、例证、生动叙述等，是以具体化的形象把意念和感情视觉化。目前“插画”与“插图”两个词汇不断被人们交替使用，具体划分标准在业界仍然存在很大的争议，更多的将二者作为近义词来使用。严格地说，“插画”是“插图”的历史发展与延续，是对人们熟悉的“插图”内涵、外延范围与传播媒介等方面进行了扩充的新概念词汇。

3.1.2　插画的产生和发展

清叶德辉《书林清话》中称：“古以图书并称，凡有书必有图”，说明了插画与书籍的关系和重要性。在摄影技术诞生之前，插画不但记录人类的发展，还丰富人们的精神文化生活，伴随着人类文明的发展与演进。

中国的插画历史源远流长，从历史遗留下来的文物与典籍中不难发现，其中最早是长沙楚墓出土的帛书（如图 3-1 所示），内容共分天象、灾变、四时运转和月令禁忌，不仅载录了楚地流传的神话传说和风俗，而且还包含阴阳五行、天人感应等方面的思想。在文字的四周绘的 12 个怪异的神像，帛书四角有用青红白黑四色描绘的树木，体现当时人们祈求神灵祝福的心愿。在 2000 多年前的秦简《日书》上，也有一幅人形图，上面画着两个小人，另一幅是简单的方框图。在西汉和东汉出土的简上也有插画被发现。简非常狭小，不适宜画图，所以画在简上的插画不多见。帛是绘制插画的很好的载体，所以在帛上的插画相对多。在这些遗物中最能代表战国时期绘画艺术成就的是湖南省长沙出土的《人物驭龙图》（如图 3-2 所示）、《人物龙凤图》帛画（如图 3-3 所示），这两幅世界上最早的丝织物绘画都是随葬的“铭旌”，有引魂升天的含意。这种特征的作品还有东晋画家顾恺之的《洛神赋图》（如图 3-4 所示）、《女史箴图》、《列女仁智图》等传世摹本，北魏时期的《历代列女故事图》，作品中文字和图画结合紧密、互为补充。

图 3-1　战国楚帛书摹本

图 3-2　战国帛画《人物驭龙图》

图 3-3　战国帛画《人物龙凤图》

图 3-4　东晋 顾恺之《洛神赋图》局部

由于造纸术和印刷术的发明，出现了较早的雕版印刷插画。插画在这之前只能手工抄写，对于每一部手抄书插画都算得上一件精致的艺术，制作费时费力，还容易以讹传讹，而造纸术和印刷术的出现解决了这一难题。书籍虽然还存在缣帛、竹简、木简等形式，但真正意义的纸本书籍开始逐渐发展起来。中国古代插画艺术以木版水印插画为主，这是因为中国最早发明了雕版印刷，并且很快将其运用到插画艺术中去，从而发明了木版插画。后来中国的雕版印刷和木版插画传到国外，各国才逐渐出现木版插画，可见中国古代木版插画对世界的影响远远超过壁画和其他画种。佛教大约在西汉中期传入我国，影响十分深远，为了弘扬教义，佛教的形象化造像大量被附于手绘以及印刷的佛经上。古代书籍中的插画被称为“相”，《汉书·艺文志》中有《孔子图人图法》2卷，就是孔子的画像。《隋书·经籍志》礼类中有《周孔图》14卷。孙毓绣《中国雕刻版画源流考》认为：“以今考之，实肇自隋时行于唐世，扩于五代，精于宋人。”据文献与实物考察，唐代的雕版印刷版画插画技术已经有很高水平。1900年在敦煌发现的唐咸通九年（公元868年）印刷的佛教经文《金刚般若波罗密经》如图3-5所示，是目前所存最早的印刷品之一，比欧洲版画出现至少早500年，其卷首插画人物众多、神态肃穆，线条挺拔流畅，刀法遒劲熟练，绝不是雕版初期的作品。佛经上出现的图文并茂的新局面，是中国平面设计的一大突破。除此之外传世的插画作品还有五代后晋（公元947）《大圣毗沙门天王图》（如图3-6所示）、五代《救世观世音图》、《千佛图》等。我们现在见到唐以前的插画多以佛经类为主。

图3-5　唐代《金刚般若波罗密经》

图3-6　唐代《大圣毗沙门天王图》

宋、金、元雕刻印刷发展后，书籍中附有各类形式插画，不仅小说类读物，连同经、史、集、礼、乐、自然科学等书籍中也均有文字和绘画的融会贯通。宋代《营造法式》较早的在中国科技类书籍中出现插画的形式，明代《本草纲目》一书如图3-7所示，文字插画共处一页，植物绘制形象清晰、构图合理，安排得当，简洁且富有变化，体现了中国古代书籍布局安排的审美标准。

雕版印刷术的发明，使书籍插画从手绘插画进入到印制插画，新技术给书籍插画带来了发展机遇，尤其是明代的雕版插画达到巅峰，如图3-8、图3-9所示。书籍插画涉及的内容非常广泛：上至经史通鉴、治国要略，下至天文地理、百科常识，内容包罗万象，可以作为启蒙读物、教化图说、形象纪录。这一时期不论在技术上、形式上、风格上插画都有了全新发展。就技术而言，出现了套版彩印插画；就形式而言，出现了双面连式、月光式等诸多形式的插画；就风格而言，其运用散点透视、建筑剖面法来组织画面，打破了空间关系，为我们留下了大批经典的戏曲、小说插画作品，如《桃花扇》、《西厢记》（如图3-10所示）、《三国志演义》、《水浒》、《牡丹亭》等，唐伯虎、陈洪绶、任渭长等知名的文人艺术家都参与了插画创作，明清画者态度严谨，作品形神兼备。陈洪绶就是其中的代表人物，他以画人物画而闻名，他画的《水浒叶子》（如图3-11所示）刻工精巧、用笔锋利、人物栩栩如生。除了木版插画以外，清代末年民间版画发展迅速，开始运用石印印刷术，“回回本”中的插画广泛流传也促进了插画的普及。中国古籍中的插画因为出现的形式不同，有很多称谓方式，如“图鉴”、“图咏”、“图赞”“纂图”等，代表有南宋的《佛国禅师文殊指南图赞》、《纂图互注礼记》等。在宋、元、明时期的小说中，内文页面出现“上图下文”的形式，称为“出相”，如《新刻出相宫板大字西游记》；

明清以来小说每卷中都附有人物的图像，因线条勾勒刻画精细，称为“绣像”，如《绣像三国演义》；在通俗书籍每卷的前面也常常画出章回故事的情节或内容的图像，称为“全相”，如元代《新刊全相武王伐纣平话》、明代《新刻全相演义三国志传》等。

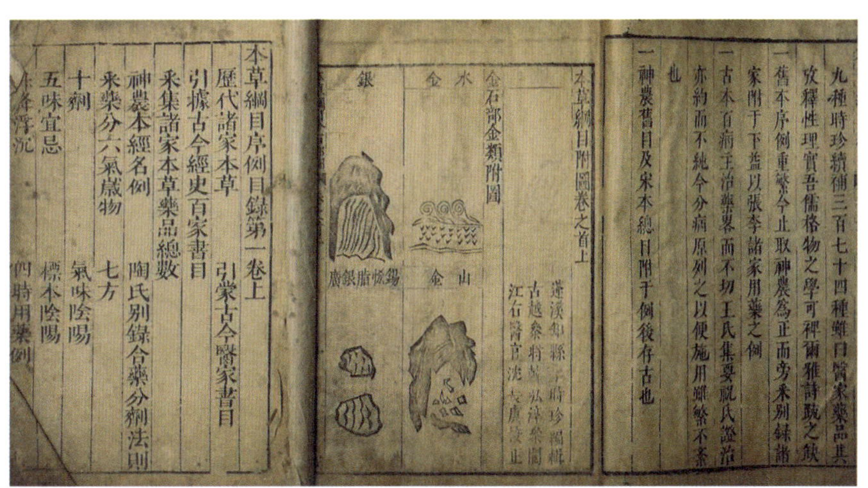
九種時珍續補三百七十四種雖曰醫家藥品其攷釋性理實吾儒格物之學可禆爾雅詩疏之缺
一舊本序例重繁今止取神農爲正而旁采別錄諸家附于下蓋以張李諸家用藥之例
一古本百病主治藥略而不切王氏集要戴氏證治亦約而不純今分病原列之以便施用雖繁不紊也
一神農舊目及宋本總目附于例後存古也

本草綱目附圖卷之首上
金石部金類附圖
水金　金　山金　銀

本草綱目序例目錄第一卷上
歷代諸家本草　引據古今醫家書目
引據古今經史百家書目
采集諸家本草藥品總數
神農本經名例　陶氏別錄合藥分劑法則
采藥分六氣歲物　七方
十劑　氣味陰陽
五味宜忌　標本陰陽
升降浮沉　四時用藥例

图 3-7　宋代《本草纲目》

图 3-8　明代《李十郎紫箫记》中《霍小壬红亭送夫》

图 3-9　清代 石印本画集《任渭长 姚梅伯诗画合璧》

图 3-10　清代 陈洪绶《西厢记》

图 3-11　清代 陈洪绶《水浒叶子》

明清以后西方的铜板、石版、照相制版等现代印刷技术开始传入我国，尤其是在西方的绘画思想、艺术样式、技术冲击下，原来以线条为主的绘画造型方式发生了转变，展现出新的面貌。如画家杭稚英（1900～1947 年）就是这时期的代表人物，他的作品题材多采用历史故事或现实生活，先用炭精粉画好素描稿，再用透明的水彩颜色进行渲染，以传统绘画技法为基础，擦笔肖像画和水彩画的技法结合，又吸取美国迪士尼动画片、国外广告插画、民间木版年画中绚丽的色彩，后来还运用喷笔调整画面和表现过渡的辅助工具，作品质感细腻逼真、层次丰富、虚实有致、色彩明快绚丽、造型优美，在当时插画风格独树一帜。如图 3-12 所示。

图 3-12　杭稚英插画

20 世纪初开始，近代新文化运动推动了插画的发展，伟大的文学家鲁迅发起了“新版画”运动，亲自引进、编辑、设计出版了《比亚兹莱画选》（如图 3-13 所示）、《新俄画选》、《凯绥·珂勒惠支版画选集》（如图 3-14 所示）、《路谷虹儿画选》等国外优秀的插画作品集。对插画的创作更是身体力行，他对插画的作用曾作过精辟论述：“书籍的插画，原意是在装饰书籍，以增加读者兴趣的，但那力量，能补文字之所不及，所以也是一种宣传画”。他曾为自己的《朝花夕拾》创作插画《无常》，另摹绘了三幅。他还努力培养和提携青年画家从事插画创作，在这样的环境下出现了一批优秀的插画家，如丰子恺（如图 3-15 所示）、叶浅予（如图 3-16 所示）、张乐平、丁聪（如图 3-17 所示）、陶元庆（如图 3-18 所示）、廖冰兄等。作品虽然只有线描和木版画两种表现方法，但是风貌丰富多样，张乐平“三毛”系列作品之《人非草木》（如图 3-19 所示），是以漫画的形式创作针砭时弊的作品。张光宇《神笔马良》（如图 3-20 所示）、《孔雀公主》，将中国传统木版画中的线条艺术与西方装饰图案相结合。丰子恺曾留学日本，热衷于浮世绘，并在其中学习到不少的绘画技法。他的漫画作品，多以儿童题材，善取人间诸相。

新中国成立，在党和政论的重视和关怀下，连环画形式得到蓬勃发展，1951 年人民美术出版社创办第一个全国性的连环画刊物《连环画报》，那个时期产生了一批批既有思想性又有艺术性的连环画佳作，深深影响着几代人的成长。这些画家中既有著名中国画画家徐燕节荪、黄胄、陆俨少、刘继卣、王叔晖（如图 3-21 所示）、任率英、程十发、刘旦宅、方增先等，又有连坛名家赵宏本、钱笑呆、王弘力、贺友直（如图 3-22 所示）、顾炳鑫、华三川、戴敦邦（如图 3-23 所示）、丁斌曾和韩和平（如图 3-24 所示）等，而更多的是长期坚守在连环画阵地默默耕耘的连环画作者，如尤劲东《人到中年》（如图 3-25 所示）、李全武与徐勇民《月牙儿》（如图 3-26 所示）、卢延光《长生殿》（如图 3-27 所示）

与《昆仑奴传奇》、华三川《白毛女》（如图 3-28 所示）等，作品灵活运用中国水墨画、工笔画、油画、水彩、素描、木版年画等形式，形象逼真、情节生动、画面细致，深受大家的喜爱。

图 3-13　英国《比亚兹莱画选》

图 3-14　德国 凯绥•珂勒惠支《生者之于死者》

图 3-15　丰子恺插画

图 3-16　叶浅予《子夜》插画

图 3-17　丁聪《阿 Q 正传》

图 3-18　陶元庆《故乡》

图 3-19　张乐平“三毛”系列作品之《人非草木》

图 3-20　张光宇《神笔马良》

图 3-21　王叔晖《西厢记》

图 3-22　贺友直《李双双》

图 3-23　戴敦邦《长恨歌》

图 3-24　丁斌曾、韩和平《铁道游击队》

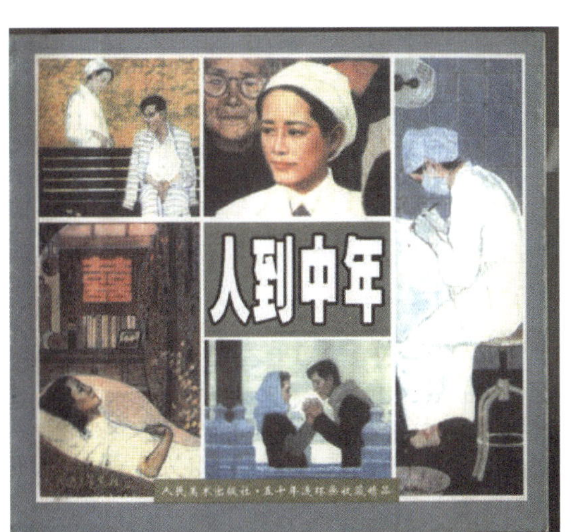

图 3-25　尤劲东《人到中年》

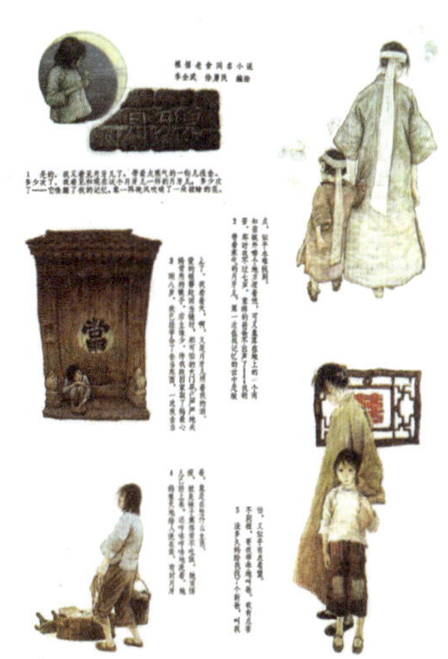

图 3-26　李全武与徐勇民《月牙儿》

長生殿

月影临窗，宫院岑寂，李隆基取出金钗、钿盒，赠与杨玉环作定情之物，说道：「自今夕起，朕将与妃子偕老矣。」

006

图 3-27　卢延光《长生殿》

图 3-28　华三川《白毛女》

在西方，早在古埃及公元前 3100 年的第一个王朝时期开始到公元 394 年沦为罗马殖民地这段时期内，很多的雕刻和草纸文书上都带有横式布局或综式布局的精美插画文字记录。文字本身是象形的，插画与文字互相辉映，装饰味道十足，这些纸上书写的文书被称为“埃及文书”，如图 3-29 所示。

图 3-29　埃及文书

公元 3000 年左右，两河流域的苏美尔人创造了楔形文字，如图 3-30 所示，楔形文字与图画相结合，具有一定的图解性质，它常常被绘制在泥块上，少数写于石头、金属或蜡板上。书吏使用削尖的芦苇杆或木棒在软泥板上刻写，软泥板经过晒或烤后变得坚硬，不易变形。这种文字写法简单，表达直观，

形成早期的“图书”样式。两河流域还曾出现过以编年史的形式将国家大事绘于墙壁上的情况。

古希腊文明孕育丰富的神话、诗歌、寓言等古典文学作品，如《荷马史诗》，相传是由古希腊盲诗人荷马创作的两部长篇史诗《伊利亚特》和《奥德赛》的统称。两部史诗都分成 24 卷，这两部史诗最初可能只是基于古代传说的口头文学，靠着乐师的背诵流传。它作为史料，不仅反映了公元前 11 世纪到公元前 9 世纪的社会情况，而且反映了迈锡尼文明。它再现了古代希腊社会的图景，是研究早期社会的重要史料。《荷马史诗》不仅具有文学艺术上的重要价值，它在历史、地理、考古学和民俗学方面也提供给后世很多值得研究的东西。作品中配有大量精彩的图画，我们从古希腊的瓶画中能感受它们强烈的艺术感染力，如图 3-31 所示。

图 3-30　楔形文字

图 3-31　古希腊瓶画

欧洲插画的兴起是由于宗教传播的需要。公元 395 年，罗马帝国分解成东罗马和西罗马两个部分，世界进入中世纪。原来一直受到罗马帝国打压的教会成为欧洲的中心，而体现教义的载体手抄本《圣经》和福音著作开始广泛绘制，其特征就是有精美插画和装饰字体，有的还会运用彩色甚至金色进行绘制如图 3-32 所示。罗马时期的书籍只有简单的阅读功能，而中世纪的抄本几经具有装饰、象征、崇拜等功能。现在存世最早的抄本之一《梵蒂冈维吉尔》是基督教初期的诗集，书中有 6 页是整页的插画。公元 8 世纪时西班牙教士比修斯画了以水彩为基础的《启示录》图文本，该书的插画色彩鲜明，也是首次出现解释文字的插画。

图 3-32　手抄本

图 3-33　德国丢勒《启示录》

公元 1200 年左右欧洲出现了大学，书籍的需求量大增，插画也经历了新的发展。1265 年《杜斯的启示录》100 页，每页都配有插画，插画简洁且有很强的说明效能。当时插画除了反映宗教外还引

入了日常生活的内容。1300 年出版《奥密斯比诗集》就是一例。14 世纪末到 15 世纪初来自荷兰的林堡兄弟手抄本作坊，除宗教主题手抄本外还设计各种年历，并配有精美的插画。1400 年左右欧洲出现了最早的木板印刷，德国的古登堡发明了金属活字印刷术。印刷术的创造和创新极大地推动了书籍的普及，插画的形式也变得多样化。1796 年奥地利人发明了石板印刷，19 世纪末的四色印刷又推动了插画的彩色进程。

17 世纪世界上第一张报纸在德国出现，即 1609 年在奥格斯堡每日出版的《阿维沙关系报》。1621 年英国第一份报纸《科兰托斯》出版，从此插画又多了一个新的应用领域。

欧洲很多著名的画家也从事插画的创作，其中 1498 年丢勒为《启示录》创作的极其精彩的木刻插画如图 3-33 所示，描绘生动、线条丰富、黑白处理得当、构图紧凑，成为德国文艺复兴时期艺术的登峰造极的代表作。丢勒的《启示录》是有史以来最著名的插画书籍之一，由十五幅尺寸很大的木刻组成。以其中如图 3-34 所示的“四骑士”和“大力的天使”为例，丢勒是怀着真切的情感来创作的，它表现了画家本人对这些事件的感受、理解和想象并将这些悉数传达给了读者，很大程度上影响了欧洲人的意识。20 世纪初，法国的书籍插画就出现一派新面貌，这在相当程度上，有出版商沃拉尔的功绩。他所印制的豪华版书籍，在 20 世纪的前三十年受到极广泛的重视；书中的插画（如图 3-35 所示）都出自德加、毕加索等著名画家之手，而且复制的手法有蚀刻、木刻等，多种多样。这时历史上还出现了很多画派，这些艺术风格在许多这一时期的书籍插画上得到了体现。从这一时期开始，插画在独立性与个性化方面的特性得到了更加进一步的体现。

图 3-34　丢勒《四骑士》插画

图 3-35　毕加索插画

3.2　插画设计在书籍中的表现

3.2.1　插画运用的目的

插画运用的目的有两个：其一增强书籍的形式美，提高读者阅读兴趣；其二再现文字语言表达不足的视觉形象，来帮助读者对书籍内容的理解。

3.2.2　插画的创作表现手法

手绘表现技法主要指将传统徒手绘画表现方式应用到书籍插画领域中去，它是最直接、最具艺术

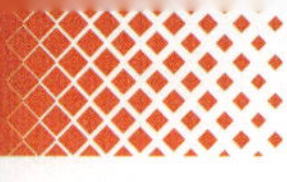

生命力的表现技法范畴。主要有以下几种：水粉画、水彩画、炭笔和铅笔、水墨画、版画、油画、丙烯画、彩色铅笔画、马克笔画等。

1. 水粉画

水粉画是以水作为媒介，这一点与水彩画是相同的。所以，水粉画也可以画出水彩画一样的酣畅淋漓的效果，但它没有水彩画透明。它和油画也有相同点，就是它也有一定的覆盖能力。而与油画不同的是，油画是以油来作媒介，颜色的干湿几乎没有变化。而水粉画则不然，由于水粉画是以水加粉的形式来出现的，干湿变化很大。所以，它的表现力介于油画和水彩画之间。水彩画的特点是颜色透明，通过深色对浅色的叠加来表现对象。而水粉画的表现特点是处在不透明和半透明之间。如果在有颜色的底子上覆盖或叠加，那么这个过程实际上是一个加法，底层的色彩多少都会对表层的颜色产生影响，这也就是它较难掌握的地方。但是，有经验的画家往往就是利用它的这种特性来表达水粉色彩自身的和特有的艺术魅力，如图 3-36 所示。

图 3-36　GraCra 水粉插画

2. 水彩画

水彩画是用水调和透明颜料作画的一种绘画方法，简称水彩，由于色彩透明，一层颜色覆盖另一层可以产生特殊的效果，但调和颜色过多或覆盖过多会使色彩肮脏，水干燥的快，所以水彩画不适宜制作大幅作品，适合制作风景等清新明快的小幅画作。颜色携带方便，也可作为速写搜集素材用。与其他绘画比较起来，水彩画相当注重表现技法。其画法通常分“干画法”和“湿画法”两种，画面中水、色相互渗化流动，随机变化的笔触，让人感觉到那种光波的流动，它的清爽神俊，浓淡相宜，都具备潇洒风雅的格调，如图 3-37 所示。

图 3-37　水彩插画《How Tom Beat Captain Najork and his Hired Sportsmen》

3. 炭笔和铅笔画（黑白线条画）

指用炭笔和铅笔表现单色或单色系素描关系的插画，常用木炭，铅笔，钢笔等工具。绘制时要抓住形象的主要特征，删繁求简，力求达到黑白对比强烈明快的艺术效果，灵活运用点、线、面多种形式的表现方式，使画面黑、白、灰变化丰富，虚实层次错落有致，疏密空白安排得体，在形象上进行夸张、取舍、变形，并竭力使画有情趣、有节奏、有韵律，具备较强的装饰性。如图 3-38、图 3-39 所示。

图 3-38　李晨插画

图 3-39　Nico Delort 插画

4. 水墨画

由水和墨经过调配其浓度所画出的画，是绘画的一种形式。更多时候水墨画被视为中国传统绘画，也就是国画的代表。在中国画中，以浓墨、淡墨、干墨、湿墨、焦墨等表现物象。水墨画借助具有本民族特色的绘画工具和材料（毛笔、宣纸和墨），表现具有意象和意境的韵味。其特征主要有两个方面，一是从工具材料上来说，水墨画具有水乳交融、酣畅淋漓的艺术效果。具体地说就是将水、墨和宣纸的属性特征完美地体现出来，如水墨相调，出现干湿浓淡的层次；再有水墨和宣纸相融，产生溻湿渗透的特殊效果。二是水墨画表现特征，由于水墨和宣纸的交融渗透，善于表现似像非像的物象特征，即意象。这种意象效果能使人产生丰富的遐想，符合“中国绘画注重意境”的审美理想。如图 3-40、图 3-41 所示。

图 3-40　方增先《孔乙己》

图 3-41　姚有信《伤逝》

5. 版画

版画（print）是视觉艺术的一个重要门类。广义的版画包括在印刷工业化以前所印制的图形，普

遍具有版画性质。当代版画的概念主要指由艺术家构思创作并且通过制版和印刷程序而产生的艺术作品，具体说是以刀或化学药品等在木、石、麻胶、铜、锌等版面上雕刻或蚀刻后印刷出来的图画。版画艺术在技术上是一直伴随着印刷术的发明与发展的。古代版画主要是指木刻，也有少数铜版刻和套色漏印。独特的刀味与木味使它在中国文化艺术史上具有独立的艺术价值与地位。

版画在历史上经历了由复制到创作两个阶段。早期版画的画、刻、印者相互分工，刻者只照画稿刻版，称复制版画；后来画刻印都由版画家一人来完成，版画家得以充分发挥自己的艺术创造性，这种版画称创作版画。中国复制木刻版画已有上千年历史，创作版画则起自 20 世纪 30 年代，经鲁迅提倡，后来取得了巨大发展。在西方 16 世纪的丢勒以铜版画和木版画复制钢笔画，到 17 世纪，伦勃朗则把铜版画从镂刻法发展到腐蚀方法，并进入到创作版画阶段。木刻版画进入创作版画阶段是在 19 世纪。如图 3-42 所示。

图 3-42　版画插画《钢铁是怎样炼成的》

6. 油画

油画是以用快干性的植物油（亚麻仁油、罂粟油、核桃油等）调和颜料，在画布如亚麻布、纸板或木板上进行制作的一个画种。作画时使用的稀释剂为挥发性的松节油和干性的亚麻仁油等。画面所附着的颜料有较强的硬度，当画面干燥后，能长期保持光泽。凭借颜料的遮盖力和透明性能较充分地表现描绘对象，色彩丰富，立体质感强。油画是西洋画的主要画种之一。如图 3-43 所示。

图 3-43　斯科特古斯塔夫油画插画

7. 丙烯画

丙烯画的主要特点是采用丙烯颜料进行绘画。聚丙烯酸颜料本身是水溶性，干燥后形成多孔质的膜，变为耐水性。色彩鲜艳、色泽鲜明、化学变化稳定，能重叠、柔软的颜料，各层相互粘接，形成透明或半透明效果，附着力强耐候性好，并具有耐久性。由于丙烯颜料的主要调剂含水量很大，因此在容易吸水的粗糙底面上作画更为适宜，如纸板、棉布、木板、纤维板、水泥墙面、麻毛质地的金属面、石壁等。作丙烯画可以用一般的油画笔、画刀、中国画笔、水彩画笔、板刷、海绵、丝瓜络等。调色盘和笔洗多用不吸水的陶瓷、玻璃、珐琅质地的容器，以防清洗不净。丙烯颜料在水分挥发后即干透，因此作画时对程序要心中有数，以使笔触衔接自然，构图谨慎，达到预想效果。如图 3-44、图 3-45 所示。

图 3-44　简 • 西蒙斯丙烯插画

图 3-45　Caia Koopman 丙烯画

8. 彩色铅笔画

彩色铅笔是一种非常容易掌握的涂色工具，画出来的效果以及长相都类似于铅笔，是用经过专业挑选的，具有高吸附显色性的高级微粒颜料制成。具有透明度和色彩度，在各类型纸张上使用时都能均匀着色，流畅描绘，笔芯不易从芯槽中脱落。彩色铅笔也分为两种，一种是水溶性彩色铅笔（可溶于水），另一种是不溶性彩色铅笔（不能溶于水）。不溶性彩色铅笔可分为干性和油性，一般市面上买的大部分都是不溶性彩色铅笔。价格便宜，是绘画入门的最佳选择；画出的效果较淡，简单清晰，大多可用橡皮擦去；有着半透明的特征，可通过颜色的叠加，呈现不同的画面效果，是一种较具表现力的绘画工具。水溶性彩色铅笔又叫水彩色铅笔，它的笔芯能够溶解于水，碰上水后色彩晕染开来，可以实现水彩般透明的效果。水溶性彩色铅笔有两种功能：在没有蘸水前和不溶性彩色铅笔的效果是一样的。可是在蘸上水之后就会变成像水彩一样，颜色非常鲜艳亮丽，十分漂亮，而且色彩很柔和。如图 3-46 所示。

图 3-46　Caia GenevieveGodbout 彩色铅笔画

9. 马克笔画

又称麦克笔，通常用来快速表达设计构思及设计效果图之用。有单头和双头之分，双头的有粗细之分。墨水分为酒精性、油性和水性三种，能迅速地表达效果，是最主要的绘图工具之一。

产品按墨水分：①油性马克笔，油性马克笔快干、耐水，而且耐光性相当好，颜色多次叠加不会伤纸，柔和；②酒精性马克笔，酒精性马克笔可在任何光滑表面书写，速干、防水、环保，可用于绘图、书写、记号、POP 广告等，主要的成分是染料、变性酒精、树脂，墨水具挥发性，应于通风良好处使用，使用完需要盖紧笔帽，要远离火源并防止日晒；③水性马克笔，水性马克笔则是颜色亮丽有透明感，但多次叠加颜色后会变灰，而且容易损伤纸面。还有，用沾水的笔在上面涂抹的话，效果跟水彩很类似，有些水性马克笔干掉之后会耐水。所以买马克笔时，一定要知道马克笔的属性及画出来的样子才行。马克笔这种画具在设计用品店就可以买到，而且只要打开盖子就可以画，不限纸材，各种素材都可以上色。

按笔头分：①纤维型笔头，笔触硬朗、犀利，色彩均匀，高档笔头设计为多面，随着笔头的转动能画出不同宽度的笔触，适合空间体块的塑造，多用于建筑、室内、工业设计、产品设计的手绘表达中，纤维头分普通头和高密度头两种，区别就是书写分叉和不分叉；②发泡型笔头，发泡型笔头较纤维型笔头更宽，笔触柔和，色彩饱满，画出的色彩有颗粒状的质感，适合景观、水体、人物等软质景、物的表达，多用于景观、园林、服装、动漫等专业。如图 3-47 所示。

图 3-47　马克笔绘制插画

10. 剪贴画

剪贴画是一种特殊的画，和真正的绘画不一样。剪贴画不用笔和颜色，而是用各种材料剪贴而成的。剪贴画通过独特的制作技艺，巧妙地利用材料和性能，充分展示了材料的美感，使整个画面具有浓浓的装饰风味。如图 3-48 所示。

图 3-48　剪贴插画

11. 摄影表现

一般简称的摄影，即是用照相机，映像在底片，冲印底片成为单一相片，一张张作永久保存。但相片的影像是不动、无声，仅供人观赏其人物、意境，进而体会其涵义。类型分为静物摄影、人像摄影、记录摄影、艺术摄影、画意摄影、商业摄影、水墨摄影、全息摄影。如图 3-49、图 3-50 所示。

图 3-49　人像摄影

图 3-50　静物摄影

12. 电脑绘制表现

以计算机为工具进行插画的创作。计算机可以模拟各种各样的工具，模拟出各样的画面效果，是一种非常方便、环保、表现力丰富的工具。但是它并不能完全取代其他的绘图工具，而且它对创作者的艺术性和基本功方面的要求同其他的绘画方式一样。常用的二维软件有 Photoshop、Illustrator、CorelDRAW、Painter 等。如图 3-51、图 3-52 所示。

图 3-51　美国 Travis Hanson

图 3-52　美国 Jeffrey Scott

13. 图表表现

图表泛指在屏幕中显示的，可直观展示统计信息属性（时间性、数量性等），对知识挖掘和信息直观生动感受起关键作用的图形结构，是一种很好地将对象属性数据直观、形象地“可视化”的手段。图表设计隶属于视觉传达设计范畴。图表设计是通过图示、表格来表示某种事物的现象或某种思维的抽象观念。图表分为表头和数据区两部分。

图表表达的特性归纳起来有如下几点：首先具有表达的准确性，对所示事物的内容、性质或数量等处的表达应该准确无误。第二是信息表达的可读性，即在图表认识中应该通俗易懂，尤其是用于大众传达的图表。第三是图表设计的艺术性，图表是通过视觉的传递来完成，必须考虑到人们的欣赏习惯和审美情趣，这也是区别于文字表达的艺术特性。如图 3-53 所示。

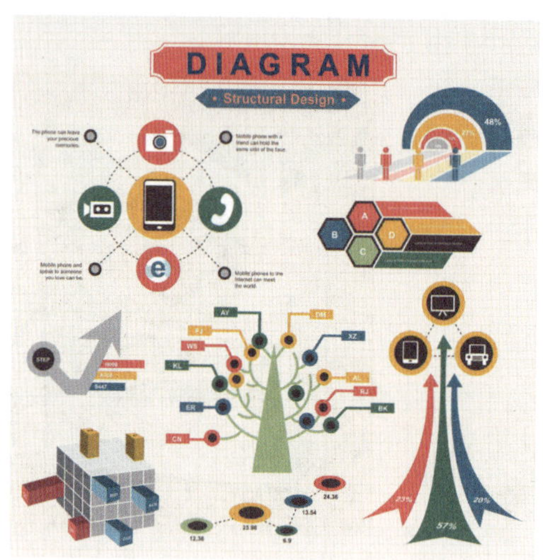

图 3-53　图表插画

3.2.3　插画的设计要求

图形的视觉语言是通过形象、色彩和它们之间的组合关系来表达特定的含义。图形语言像其他语言一样，有一套自己的语汇，有语法结构和风格，并像所有别的语言（动作语言、实体语言、影视语言）一样，是在不断地演变的。图形的语言发展到今天，已经不是如何创造新的语法结构，而是进行新的思想和观念的探讨。视觉语言的目的是互通信息。因此，从最广的意义上来说，一幅图形的画面，就是其语言的文字。文字仅仅是传达信息的手段，而不是信息本身，要获得表现力，它们必须按照一定的语法结构组合成词语或句子。为了使图形语言更准确地传达信息，必须先了解各设计因素的潜在涵义。人们对于视觉形态，也有一种自然归纳为语义的习惯。因此，人类在图形语言上和处理文学语言的能力一样，有基本的"视觉直觉系统"。设计师正是利用人们的这一习惯，运用图形符号"词汇"的重新组合，从而获得有崭新创意的"语句"。

插画设计是一种思维过程，即平常所说的构思，是对我们所要表达的内容进行想象、加工、组合和创造，使其潜在的真实美升华为艺术美的一种创造性劳动。视觉表述的创意，同其他语言表述创意一样，具有准备、调查；沉思、整理；酝酿、爆发；反复、求证几个阶段，也采用形象思维、逻辑思维、情感思维、直觉思维等思维形式。但插画设计也有其自身的特点，就是既要考虑所要表现的内容，又要考虑到表现方法，还要考虑到表现工具。这实际上是从观念到画面的过程。其方式大致可分为四种：联想、比喻、象征、拟人。

（1）联想：是从一个事物推想到另一个事物的心理过程。对视觉表述来说，联想便是从所要表达的内容推想出一种相关的事物来表现它。具体可以分为接近联想、对比联想、因果联想、类似联想四种。

（2）比喻：把要表达的内容作为本体，通过相关联的喻体去表现内容的本质特征，喻体和本体之间要有相同的特征。这种方法常常能把抽象的概念形象地表达出来，其主要包括：明喻、暗喻、借喻等几种主要形式。

（3）象征：与比喻有些相似。象征是以一个抽象或具象事物来表现另一个具象或抽象事物；比喻是用一个具象事物比喻另一个具象事物或抽象事物。它们的区别在于：比喻的两者之间必须有本质联系，象征的两者之间事先不必有本质联系。

（4）拟人：拟人是把事物人格化的修辞方式，它能赋予对象人性的色彩。所以，拟人是这四种方式中最易被人接受的，也是被广大设计师采用最多的一种视觉表述方式。

在图形设计和插画家重新确定的伙伴关系中，二者应找到共同前进之路。插画的特点就在于能创造形象。当然了只幻想着只要有 Freehand 和 Photoshop 图片处理软件就足以应付一切，那是不可能的。插画的诉求对象不同表现的方法也应该不同，应该具有个性、趣味、现代的特点。就像所有的商业设计一样，插画要满足信息传播，也要溶进设计师对表现内容的理解、激情，并运用高超的表现技法、技术，创造出为读者乐于接受的视觉语言。综上所述，书刊插画既不是画家自己审美情趣的产物，也是书刊内容及其他信息的简单告白和注释。它必然是一种创造，是在传播信息的制约下画家的才能和个性的充分体现。它是自身价值和社会价值的综合体现。它对社会文化有很强的导向性，所以在进行创作时就要求插画设计师具备较高的审美修养以及艺术创作力。

3.2.4　插画设计的艺术特征

1. 插画的从属性与独立性

从属性与独立性构成了书籍插画的艺术特点，二者是不可分割的统一体。插画艺术既有绘画、摄影的一般规律及要素，如构思、构图、造型、色彩、基本情调及画面效果，又具有它的特殊规律即个性。优秀的插画可以独立成为艺术作品，但一般的绘画、照片不能代替插画。插画是图与文紧密配合的一种艺术，它和一般绘画、照片的区别简言之就在一个“插”字上，因为要符合插的要求，必须吻合插的内容。插画是以相应的形象语言和文字语言构成浑然一体的完整的艺术作品。文学艺术类书籍的插画，科学技术类书籍的插画、杂志和期刊的插画等，无论为什么样的书籍插画，都必须求得与文稿精神相统一，如果抛开书的内容、性质单一追求独立性、个性就不称其为插画。文稿以文字为表达手段，靠词汇组合来表述思想内涵，插画则以造型视觉艺术为表达手段，靠可视的形、色来抒发情感，二者虽然同属情感活动的范畴，但有着不同的表现形式，它们各具特色，但也都有其局限性。插画艺术对情感的抒发来源于造型形象，而文稿表述是靠读者阅读产生联想形象，所以联想形象不可能代替视觉形象。插画可以根据原稿内容的理解，发挥想象和创造，弥补文字内容的局限性，大大增加读者的阅读兴趣。优秀的插画能帮助读者展开想象的翅膀，并强化文稿内容的艺术感染力。

2. 插画的整体性

视觉艺术特别强调平衡、韵律、整体效果，因为没有视觉平衡就没有美感，没有韵律就不会有意境，没有整体效果就形不成风格。书籍设计要求有整体的设计观念，既是对书籍的横向与纵向、整体与局部、形式与内容、艺术与技术等方面进行全方位的考虑，使每个局部与主体风格构成一个和谐统一的整体。当然在确定书籍设计的整体风格时，也要考虑每个局部自身相对独立的个性，而且还要考虑各部分视觉形式之间的关联性，以及与主体形式风格的和谐统一，书籍的外观形态，书籍的封面、版面、插画等各要素应构成一个有机的整体。插画作为装帧的一部分，必须统一在全局下进行，考虑表现形式与印刷工艺之间的适应因素，考虑风格的一致性，版面内部的版心、栏、行的控制因素，放在版心的什么位置将产生什么样的节奏、韵律等。插画一方面依靠读者与书籍之间建立的心理线索，根据内容的高潮起伏做相应的插入，另一方面还要注意阅读中的文字与插画之间的节拍，即阅读、间隙、看图，从人的生理、心理来考虑人的最佳接受的时间与空间，诱导读者产生联想和想象的关键之处加以插画。

3. 插画的人文性

随着社会科技、文化的不断变化发展，书籍装帧设计的面貌与审美也发生了改变，常常从人与人的活动考虑问题，它涉及科学、心理学、时间、空间等。因此作为书籍装帧组成部分的插画，其形式、结构、基本格式、表现手段等，都出现了丰富多彩的局面。插画的使命是读者通过阅读图片感受文字以外的意境。从造型艺术审美价值的原理研究插画，从感性上升到理性，探讨从事物的外部影响到人的思想情感的发展和变化，研究人是如何感知形态的，研究视觉现象的物理反应、生理反应及心理判断，按照知觉规律去观察，按照心理规律并利用形态构成去创造。对形式研究是以人的感知、情感为出发点的，当创意的思想、理念通过特定形式能够深刻、生动、准确地体现出来时，形式才会有其真正的价值。在插画中所谓情感是发生在人与书籍形态之间的感应效果，形态与形式格局的物理刺激，在人的知觉中造成一种强烈印象时，就会唤起一系列的心理效应。形式美的基础很重要的一个方面，就是建立在人类共有的生理和心理上，人的感觉与经验往往是从生理与心理开始的。现代设计以人为中心，插画作为书籍装帧设计的组成部分也不例外，从人的因素考虑与人的一切活动，以人为本的观念为插画注入了新的活力，从而加速了信息的传达。

4. 插画的信息性

信息时代对插画的基本要求是传播信息，今天书籍装帧不仅作为体现书刊文化的内蕴，也是流通领域中商品竞争构成机制之一。如何从经济、实用的设计原则出发，加强竞争性、信息性、审美性，已作为现代书刊设计创意的要求。插画以书籍的知识、信息内容的传递为设计诉求中心，如果偏离了目标就会失去了它的诉求机能。作为一种特殊的艺术语言，书籍设计中的插画，通过形象思维的理性夸张，产生超越文字本身的表现力。现代书籍的插画充分发挥视觉形象独特的表现优势和表达功能的真正价值，有意识地构建能完整表达思想、信息内容的视觉语言，有效地进行信息传播的同时赋予审美价值。

作为书籍装帧重要组成部分的插画在思想、情感、形式上应该是流畅的、细腻而精湛的，是统一在书籍整体风格之中的。它的设计、选择、构思、创意过程，可以说是感性与理性不断交融的过程，首先对文字内容产生的情感、想象力和设计思维，在此基础上，将素材进行创造性复合，以理性的把握和创造来实现书籍形态设计的整体构想，从而加速信息的传达。

3.3 案例分析

3.3.1 美国著名儿童文学图画书《野兽国》插画设计分析

莫里斯•桑达克是美国著名儿童文学图画书作家及插画家，他最著名的作品为 1963 年出版的《野兽国》（Where the Wild Things Are），如图 3-54 所示。这个作品曾被改编成电影《野兽冒险乐园》。这部图画书里描绘的都是尖牙怪兽，角色长相显得相当荒诞，插画家故意把这群张牙舞爪的怪兽画得圆滚滚、胖嘟嘟的，不但不吓人，反而还逗人喜爱。内页构图变化丰富，如翻开书第 1 个画面，只有一张明信片大小，四周是一圈宽阔的留白，到了第 4 个画面，画面急剧地扩张，第 6 个画面占据了一整页，第 7 个画面，画面超出了一页，第 9 个画面，画面已经占据了整整两个页面，第 12、13、14 那三个跨页画面，没有文字，幻想彻底地凌驾于现实之上，等狂野骚动结束之后，故事又倒了回去，于是画面开始慢慢缩小。整个故事主题是反映孩子如何掌握气愤、无聊、恐惧、挫败、嫉妒等各种情绪，并设法接受现实的事实。

图 3-54　莫里斯·桑达克《野兽国》

3.3.2　台湾绘本作家几米作品插画设计分析

台湾绘本作家几米的作品中以图画为主，文字为辅，甚至有完全没有文字、全是图画的书籍。这类书籍特别强调其视觉传达的效果，版面大而精美，插画不仅具有辅助传达文字的功能，更能增强主题内容的表现。近年"图像"成为另一种清新舒洁的文学语言的典型代表，他在作品里营造出流畅的画面，散发出深情迷人的风采。看他的书，就像走入了童话世界一样，总是"毫无道理"地在画面上加一两个小动物，十分可爱和卡通。几米的作品运用铅笔淡彩的手法描绘，轻快的笔触、瑰丽的色彩再加上清新的文字是他标志性的绘本风格。除了铅笔或钢笔的描线之外，画中也常用到油画棒来勾勒，粗细有致的笔触充满了情趣。至于背景的绘制，几米充分运用了水彩材料的特性，绚丽朦胧的画面晕染让读者充满遐想。构图上，几米特别注意运用空间疏密、色彩浓淡的对比突出插画的装饰性。如图 3-55 所示。

图 3-55　几米插画

3.4　作品点评

诺曼·罗克韦尔作品笔触真实细腻、生动有趣，他常常通过老百姓的生活场面反映出美国人的梦

想与现实，用独特的视角赋予生命的意义。他为《周末邮报》绘制封面，创作了大量的圣诞节插画，笔调有诙谐幽默，也有温馨动人。我们能够感觉到画家是借画中的人物和景物映射心中的感怀，缅怀逝去的纯真年代。如图 3-56 所示。

图 3-56　诺曼·罗克韦尔插画

弗雷泽塔是美国当代连环漫画与插画画家中的佼佼者，他涉猎广泛，从连环漫画、电影广告到书刊封面和插画，无一不精。他的作品继承了美国超级英雄漫画的传统，又带有强烈的时尚感，是当代美国通俗艺术的重要代表，被美国以及世界很多国家的连环漫画迷们追捧。作品中到处充斥原始的情调与时尚意味，男人粗犷强悍、肌肉紧绷，美女妩媚性感，画面制造出强烈的视觉冲击，使人过目难忘。他用敏锐的观察力，惊人的想象力和激昂的创作热情，把原始、时尚和未来揽和在一处。他笔下的人物在莽原、森林、天空甚至宇宙任意驰骋，把我们带入到一个神秘而张扬着野性韵味的世界。如图 3-57 所示。

图 3-57　弗雷泽塔插画

彼得 • 约瑟夫是全美最富盛名的插画艺术家之一，为《纽约客》画了十年的封面，插画作品充满暗喻美国政治的滑稽，他是站在最前列来表现《纽约客》精神的人，同时也是“纽约客”精神的典型代表。近年来，这本杂志因彼得 • 约瑟夫充满个人风格的插画奠定了新时代的新知杂志风格。如图 3-58 所示。

图 3-58　彼得 • 约瑟夫插画

Erte 是一位来自苏联的画家以及时装设计师。在他五岁时就能画出时装设计，对女性时装情有独钟，十五岁的他已经能够为苏联时装刊物画时尚插画，二十岁远赴巴黎完成时装梦想。其作品中的男女衣着华丽，充满着奇幻的世界，画面还融合了东方风情，令观者目眩神迷。在 1915 年至 1937 年间，他为《Harper's Bazaar》绘制了 200 多个封面，同时他的作品也常常出现在《Cosmopolitan》、《Vogue》等杂志上。虽然是 20 世纪初的作品，时尚潮流也发生了改变，但 Erte 作品现在看来依旧经典，Gucci 2014 春夏秀场的灵感就来源于拜占庭帝国和二十年代的插画师 Erte 的作品。如图 3-59 所示。

图 3-59　Erte 插画

《嘟嘟和巴豆》系列作品充满幻想，优雅、抒情如歌，是画家用一颗童心绘制了两只小猪亲密无间的友情，它让孩子懂得，真诚的友情会带给你坚定的信念和力量，被《纽约时报》评为最为畅销的图画书，是美国插画家霍利 • 霍比的力作。最为精彩的是书中美丽水彩插画，女画家霍利 • 霍比的这套系列书中，将水彩透明、轻盈、亮丽、湿润流畅与画面形象和场景结合，画出梦幻般瑰丽的画面。图画书不仅从文字中可以读到故事，连图中、各张明信片上，都是一个个的小故事，小朋友们可以充分享受读字、读图的乐趣。作品中每个小细节都透露着作者的用心，是一套美丽得让人爱不释手的图画书。如图 3-60 所示。

图 3-60　霍利•霍比《嘟嘟和巴豆》

大卫•唐顿（David Downton）英国肯特的时装插画大师，曾先后为小说、食谱创作插画。他在创作中善于用简洁线条加上不做作的风格勾勒出女性的婀娜多姿、若隐若现惊艳动人的柔美神秘一面，其内容丰富而不啰嗦；掌握人体形态，具备良好的艺术功底，更重要的还有对时尚敏锐的领悟力；华丽的色彩与灵动的笔触完美结合，形成了一幅幅的作品；光与影的碰撞，体现艺术化的表达方式以及对构图的完美把握。作品经常刊登在《Style》、《Bazaar》、《Vogue》、《In Style》、《ELLE》、《Marie Claire》这些国际一流的时尚杂志上，这些潮流尖端的杂志都以能刊登他的画作为荣。如图 3-61 所示。

图 3-61　大卫•唐顿插画

朱德庸的《双响炮》系列作品寥寥几笔将人物画的形神兼备，故事幽默诙谐，在简单的四格画面中经过提出问题、情节继续、控制节奏，得到出人意料的结局。如图 3-62 所示。

黄明月是日本漫画家、插画家，创作插画画风古典雅致，擅长创作历史题材的作品，尤以中国历史题材的居多，日本著名作家田中芳树称其为“日本年轻一代中，中国画第一人”。她吸收中国传统水墨画的特色，以中国的历史和传奇为主要创作内容，风格清丽隽永。黄明月还对中国的文化有着深刻的研究，尤其是京剧。她的代表作《燕京伶人抄》中甚至出现程砚秋先生《游园惊梦》剧照的临摹图。如图 3-63 所示。

图 3-62　朱德庸《双响炮》

图 3-63　黄明月插画

洛克威尔 • 肯特是美国当代著名插画家，他用木刻、铜版、石版等绘画形式创作了大量文学作品插画，早在 20 世纪 30 年代就传入中国并为人所喜爱，是我国读者熟悉的外国画家之一。肯特的插画创作，最初是从绘制科技书插画开始的，后来为他自己写的游记、诗歌和世界各国文学名著绘制插画，1927 年他为伏尔泰的《康狄第》配图被选为当时美国五十本最好的书籍，同年为梅尔维尔的小说《白蛤》刻制了二百八十幅插画，使这本书在 1930 年成为美国藏书家的珍本书。自此至 1941 年，肯特为乔安的《坎特伯雷故事》、莎士比亚的长诗《维纳斯和阿当尼斯》、英国民间史诗《标奥伍夫》、惠特曼的《草叶集》和《莎士比亚戏剧集》、歌德的《浮士德》作了插画，在每套插画的表现形式上都有新的突破。画家最后几套插画作品是 1949 年至 1963 年为卜迎丘的《十日谈》创作的木刻插画和为自己的回忆录《这是我自己》、《主啊，是我》等书刻绘的插画。他的木板黑白插画生动且有极强的视觉冲击力。如图 3-64 所示。

图 3-64　洛克威尔•肯特插画

3.5　课后练习

了解插画不同绘制工具的使用特性，并对图 3-65 所示绘本内页图例进行临摹练习。

图 3-65　《狐狸的神仙》内页插画

第 4 章　书籍设计的版式设计原理

4.1　何谓版式设计

版式设计是现代设计艺术的重要组成部分，是视觉传达的重要手段，表面上看，它是一种关于编排的学问；实际上，它不仅是一种技能，更实现了技术与艺术的高度统一。版式设计可以说是现代设计者所必备的基本功之一。

所谓版式设计，就是在版面上有限的平面面积内，根据主题内容要求，运用所掌握的美学知识，进行版面的“点、线、面”分割，运用“黑、白、灰”的视觉关系，以及底子或背景的色彩“明度、彩度、纯度”合理应用，文字的大小、色彩、深浅的调整等，设计出美观实用的版面，如图 4-1、图 4-2 所示。

版式设计肩负着双重使命，一是作为信息发布的重要媒介，二是要让读者通过版面的阅读产生美的遐想与共鸣，让设计师的观点与涵养能够进入读者的心灵。

图 4-1　INO 杂志封面设计

图 4-2　设计类杂志内页设计

4.2　版式设计要素

4.2.1　文字

文字是一种交流思想和表情达意的工具。在版式设计中，文字是版式设计的重要组成部分，作为书籍版式设计中突出的主要设计元素，作为高度符号、色彩的视觉元素，已越来越多地成为一种有效

的形式语言与表现手段。

文字的编排在书籍版式设计中是必不可少的，在文字的编排过程中，我们应注意很多的问题，包括文字字体的选择、文字的对齐方式、文字的应用技巧等。

1. 文字字体的选择

文字字体是文字的风格款式，在版式设计中字体的选择尤为重要，字体的选择也是版式风格的重要决定性因素。通过文字的运用和变化也会使书籍版面产生不同的视觉效果。同样的文字内容，当我们选择不同的字体的时候，会给读者不同的视觉感受，而同一种字体在不同的环境中也会传达出不同的信息，如图 4-3、图 4-4 为创意字体设计，同样的英文字母内容，通过字体的创意设计，展示给我们两种截然不同的风格。所以在版式设计中通过字体的选择运用，可以产生变化丰富的版面效果，同时增强版面的魅力。

图 4-3　装饰风格的创意文字设计

图 4-4　卡通风格的创意文字设计

版式设计中常见的字体有黑体、宋体、楷体、隶书、空心、琥珀、行草、综艺体等，但在一个版面中选用几种字体，还需精心设计和考虑。重要的是要根据版面的内容及风格来选择字体，应选择适合版面内容的字体，与版面风格相协调。一般情况下一个版面中字体的种类的选择 2~3 种为宜，特殊情况下不能超过 4 种。如果版面中选择过多的字体种类，会造成版面花乱，缺乏整体感，从而影响阅读，如图 4-5 所示为书籍内页的版式设计，字体的选择与文章的内容和谐统一恰到好处，给人舒服的感觉。

图 4-5　杂志内页设计

2. 文字的编排方式

文字的编排方式有多种形式，较为常见的对齐方式有两端对齐、居中对齐、左对齐、右对齐，除此之外还有各种编排方式如绕图式、渐变式、突变式等，每一种编排方式各具特色，形成不同的风格。

（1）两端对齐式

两端对齐式的编排方式是版式设计中较为常见的编排方式，每一行文字的开头和结尾的长度是相等的，行与行的开头和结尾对齐处理，形成整齐、庄重、严谨的风格，较为适合新闻性、学术性的较为正式的内容，给人可信赖的感觉，如图 4-6、图 4-7 所示。但其也存在缺陷，由于文字的首尾一致缺乏变化，容易给人单调刻板的印象。为避免这样缺陷可以对文字进行适当的处理，如句首文字改变字体或进行字号的放大处理等。

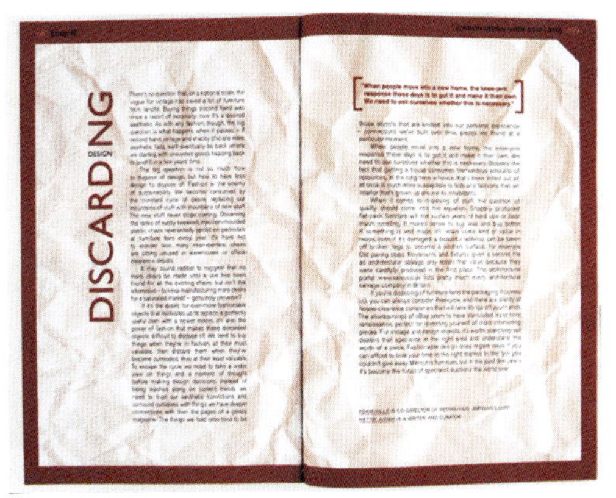

图 4-6　正文两端对齐的杂志内页设计

图 4-7　正文两端对齐的杂志内页设计

（2）居中对齐式

居中对齐的文字，字行的编排以中心线为轴，向两边延伸，两边的文字字距相等。其主要的特点是视线更加集中，整体性更强，更能突出重点。文字居中对齐不太适合编排正文，较适合编排标题。居中对齐的版面给人简洁、大方、高格调的视觉感受，如图 4-8、图 4-9 所示。

图 4-8　标题居中对齐的杂志内页设计

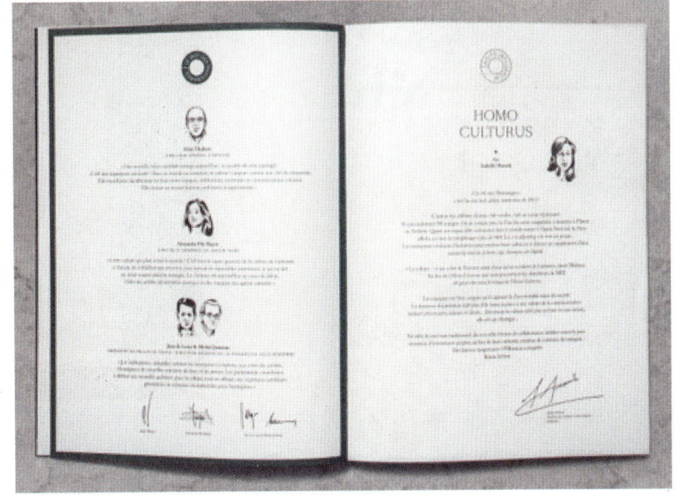

图 4-9　正文居中对齐的杂志内页设计

（3）左对齐式

左对齐的文字，以每行文字的左端为基准对齐排列。这种排列方式有较强的节奏感，如图 4-10 所示。

（4）右对齐式

与左对齐正好相反，每行文字以右端为基准对齐排列。这种编排方式除了具有较强的节奏感之外，给人戛然而止的速度感，如图 4-11 所示。

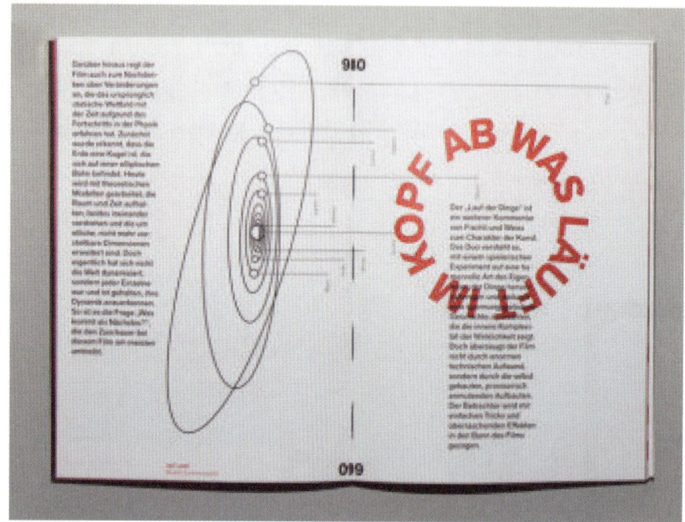

图 4-10　正文左对齐的杂志内页设计

图 4-11　文字右对齐的广告设计

（5）倾斜式

倾斜式就是将整行或整段文字倾斜排列，形成不对称的画面形式，给人较强的动感、方向感和节奏感，如图 4-12 所示。

（6）绕图式

文字绕着图形排列，让文字随着图形的轮廓起伏，形成明确的节奏感与画面的美感。这种绕着图形的排列方式表现了新颖的视觉效果，使版面显得生动活泼，让阅读更为有趣，如图 4-13 所示。

图 4-12　倾斜式文字的广告设计

图 4-13　绕图式文字的杂志内页设计

（7）渐变式

文字的编排由大到小、由远及近、由明到暗、由冷到暖的有节奏的、有规律的变化过程。这种编排方式使版面具有较强的空间感，如图 4-14 所示。

（8）突变式

在一组有规律的文字群体中，个别文字出现异常的变化，但并不破坏整体效果，这种形式为突变式。这种打破原有规律的变化形式，常常给人出其不意的新奇感和创意感，具有较强的视觉冲击力，如图 4-15 所示。

图 4-14　渐变式文字的广告设计

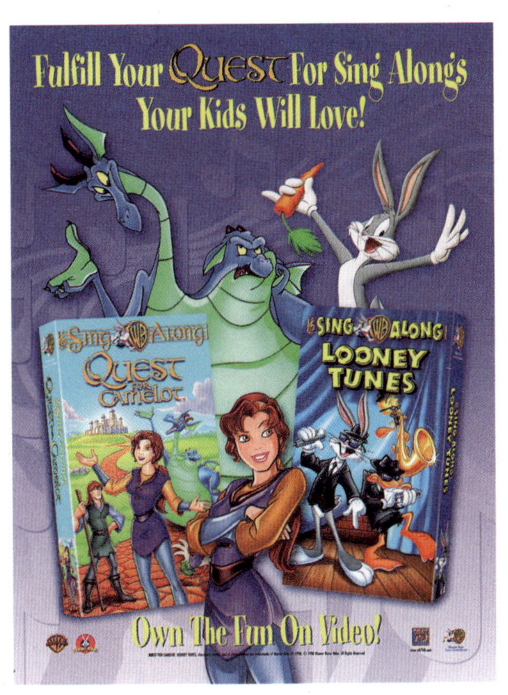

图 4-15　突变式文字的广告设计

4.2.2　图形

图形是一种用形象和色彩来直观传播信息、观念及交流思想的视觉语言，具有只可意会不可言传的独特魅力，它超越国界、排除语言障碍，是人们通用的视觉符号。图形先于文字，具有吸引人们注意力的功能、使人们易理解的看读功能以及将视线引向文案的诱导功能。图形与文字共同构成书籍。图形也是现代社会交流的重要手段，所以学习图形的编排尤为重要。

1. 位图与矢量图

位图图像也称为点阵图像，是由一系列像素点排列组成可识别的图像，如图 4-16 所示。任何位图图像都含有有限数量的像素。每个像素都有自己的颜色信息。当编辑一个位图图像时，我们编辑的是像素点的位置与颜色值。由于位图图像能够表现细微的阴影和颜色变化，所以适合表现连续色调的图像，例如照片。位图的缺点是当放大很多倍后图像出现马赛克像素色块，质量会模糊不清。因此位图图像的质量与分辨率有密切关系。

矢量图形是由矢量应用程序创建的，其图形由称为矢量的直线和曲线来组成，这些线条也包含颜色与位置属性。当编辑一个矢量图形时，修改的只是组成该图形形状的直线和曲线的属性，我们可以对矢量图进行位置、颜色、尺寸、形状的改变，即使画面进行高倍缩放，图形仍能保持清晰、平滑，丝毫不会影响其质量，如图 4-17 所示。

无论是矢量图还是位图，在书籍的版面设计中都是经常出现的，我们应该把握好两种图形的特性合理利用和编排。

图 4-16　位图像

图 4-17　矢量图形

2. 图形的比例及位置关系

图形是书籍版式设计的重要组成元素，在书籍版式设计中占有重要的地位。图形的大小和位置关系直接影响着信息传递的先后顺序。我们可以通过对图形功能及内容的把握来确定图形的大小及编排位置。

对于含有重要信息的图形，应进行放大处理，使其地位更加突出，因为尺寸大的图形更能吸引读者的注意，从而有效快速地传递信息。其他次要的图形缩小处理，更好地明确图形的主次关系。图形大小的对比不但可以表示信息的先后顺序，也可以制造出版面的节奏感，有效提高读者的阅读效率，如图 4-18 所示。

图形位置的安排也是影响版面的重要因素，版面的上、下、左、右及对角线连接的四角都是视觉的焦点。其中，版面的的左上角是常规视觉流程的第一个焦点，因此将重要的图形放置在这些位置，可以突出主题，令版面层次清晰。

图 4-18　杂志内页设计

3. 图形外形的应用

图形的外形大致可以分为几何形和自然形，几何形的图形轮廓规整严谨，自然形的图形轮廓自然随意。根据不同图形的特点进行版面设计会形成不同的版面效果。书籍版面设计时，可以根据图形的外形进行编排，方形图能使画面更稳定，一般用于网格式版面，可增强画面理性的感觉，如图 4-19 所示。自然形则可以活跃版面，给人轻松随意的感觉。如去底图的应用便是自然形的一种处理方式，这种处理方式比较灵活，没有固定的规律，能够充分展示物体的形状，使图形具有动感，如图 4-20 所示。

图 4-19　方形图杂志内页设计

图 4-20　自然形图杂志内页设计

4. 图片的编排

（1）图片的数量

书籍版面中图片的数量直接影响到版面的视觉效果和读者的阅读兴趣。因为图片是最直观的信息传递的媒介，所以图片较多的版面更能吸引读者的阅读兴趣。而图片较少或全是文字的版面，就会大大降低读者的兴趣，会使人感到枯燥乏味。但我们在编排版面时，也不应该为了吸引读者的眼球而大量运用图片，而应该根据版面的内容需要，合理安排图片的数量，如图 4-21、图 4-22 所示。

图 4-21　图片数量适中的版面编排

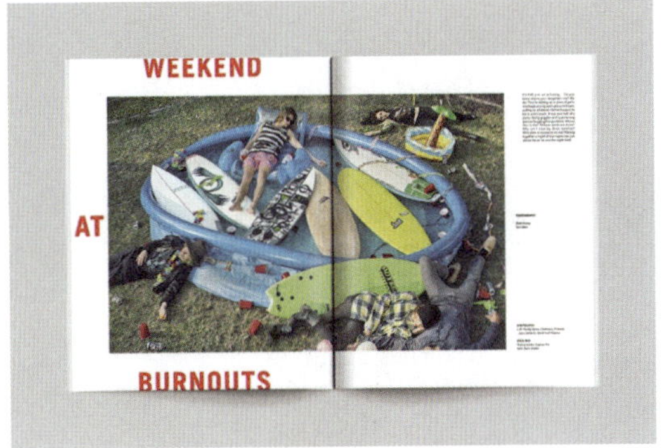

图 4-22　一张图片的版面编排

（2）图片的组合

在书籍的版面编排中，会有若干张图片编排在一个版面的情况，这就需要对图片进行合理地组合。主要组合方式有块状组合与散点组合。块状组合强调了图片与图片之间的直线。垂直线与水平线的分割，文字与图片的相对独立，使组合后的图片整体大方，富于理智的秩序化条理。散点组合突出版面的轻松随意的编排形式，形成疏密不均、似无章法的组合，给人活泼、多变的轻快感，如图 4-23、图 4-24 所示。

图 4-23　块状组合的图片版式设计

图 4-24　散点组合图片的版式设计

（3）图片的方向

图片中物体的造型、运动的趋势、人物的动作、面部的朝向以及视线的方向等，都可以使读者感受到图片的方向性。合理掌控图片的方向性因素，可以引导读者视线的流动方向，达到快速传递信息的目的。如图 4-25 所示为一婴儿产品广告，图中最吸引读者视线的婴儿嫩滑的臀部朝向，轻松将读者的视线引向产品。如图 4-26 所示为头发洗护产品广告，版面中模特脸部的朝向和头发的拉伸方向都指向产品，合理地利用了图片的方向性进行编排。

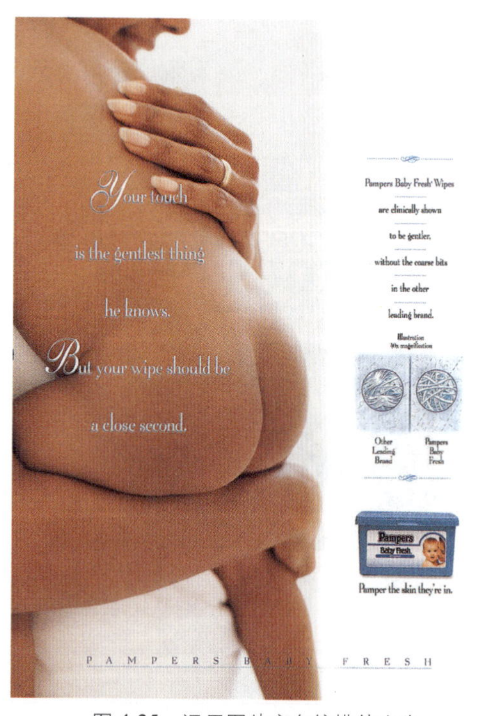

图 4-25　运用图片方向编排的广告

图 4-26　运用图片方向编排的广告

（4）出血图片的运用

出血图片即图片充满整个版面而不漏出边框，这是图片排版的一种常用方式。这种图片的处理通

常情况下都会将图片的四周多留出 3 毫米，以避免后期裁切不当造成图片偏小而漏出页底的白色，从而影响了版面的整体效果。一些重要的图片希望更加引起读者注意的时候，可以采用出血处理，这样会使图片更加具有延展性和富于张力，同时页面也会显得更加宽阔。需要注意的是图片中的重要内容不能放置在订口处，以免装订时有可能对其进行破坏影响了读者阅读，如图 4-27、图 4-28 所示。

图 4-27　运用出血图片的杂志内页设计

图 4-28　运用出血图片的杂志封面设计

4.2.3　色彩

色彩在设计中是不可或缺的要素，色彩为版式设计增添了很多魅力，它既能美化版面，又具有实用的功能。色彩一方面可以通过强烈的视觉冲击力，直接引起人们的注意与情感上的反应，另一方面还可以更为深刻地揭示形象的个性特点和版面的设计主题，强化感知力度，使人留下深刻的印象和记忆，并在传递信息的同时给人以美的享受。

1. 色彩在版面中的作用

（1）利用色彩可以吸引人的注意

生活中，我们经常被户外广告、书籍杂志、电视画面所吸引，这些瞬间吸引人们注意的，往往都是色彩的功劳。色彩永远能第一时间捕捉住人们的目光。一般有彩色的影响比无彩色的影响更加引人注目。人类的色彩在白天对黄色光线最为敏感，因此黄色与黑色的搭配构成了最易识别的色彩搭配。此外，蓝白搭配、橙黑搭配、红白搭配、绿白搭配等都是非常醒目的色彩组合，如图 4-29、图 4-30 所示。

图 4-29　黄黑色搭配的版面设计

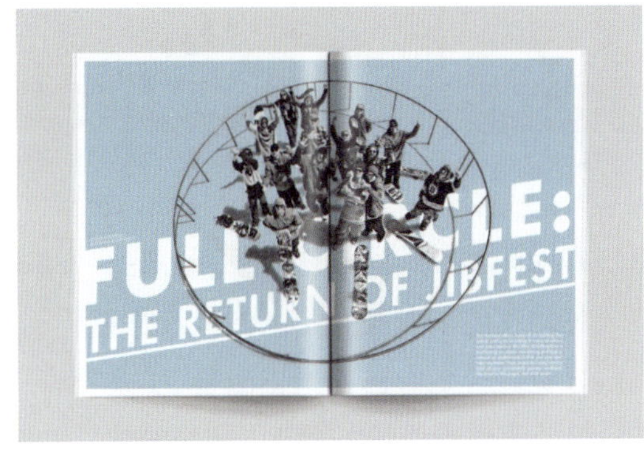

图 4-30　蓝白搭配的版面设计

在成功吸引读者眼球之后，色彩还负责维持读者的阅读兴趣，有效传递信息。同样的文字内容，

利用色彩的文字就比不利用色彩的更能吸引读者注意。

（2）利用色彩调整版面效果

色彩的合理利用，还可以增强版面的氛围。针对于不同的受众群体，结合版面内容需要设计者会选用不同的色调组合。如儿童读物多选用鲜艳对比强烈的色彩，而女性主题的版面多选用淡雅的粉红色调，男性主题的多选用深沉稳重的蓝色调或黑白醒目的无彩色系。如图 4-31、图 4-32 所示。

图 4-31　儿童读物的版面设计

图 4-32　男性主题的版面设计

2. 色彩在版式设计中的合理搭配

（1）色彩的选择

版面的色彩通常有多种选择，要想选择最佳的色彩方案，我们可以从两方面来考虑。一方面是根据宣传主题确定色彩方案。色彩的选择是否合理，我们可以把它放在版面中与主题相结合进行判断，通过与其他色彩对比体现出它的价值。选择色彩的主要依据是宣传主题，如表现商务金融主题的一般选用深蓝色、黑色、灰色作为版面基调色，突出专业严谨的态度。表现饮食主题的多选用食物的固有色和暖色系来表现，如橘汁为橘黄色，葡萄为葡萄紫或绿色，玉米用黄色，热饮用暖色调，冷饮用冷色调等，突出安全与营养，如图 4-33 所示。

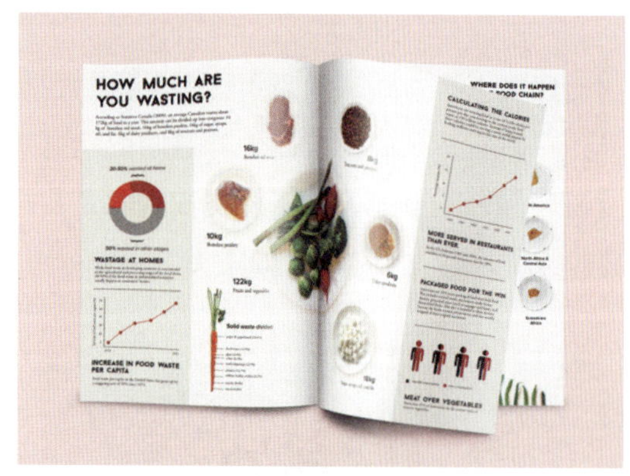

图 4-33　饮食主题的版面设计

图 4-34　青年人的色彩轻快的版面设计

另一方面根据目标受众选择色彩方案。人们对色彩的反应是十分敏感的，在和色彩接触的一瞬间就能体会色彩营造的氛围。不同的人对色彩有不同的喜好。设计者在对版面设计时，可以对受众人群进行色彩分析，合理选择。根据消费者的国别、民族、年龄、性别的不同而选择不同的色彩。从年龄差异来看，儿童色彩活泼；青年人色彩轻快，如图 4-34 所示；中年人色彩沉着讲究；老年人色彩含蓄。从地域差异来看，南半球喜欢鲜明色，北半球喜欢柔和暗淡色；城市人喜欢宁静色，农村人喜欢喧闹色。各个国家、民族的社会意识、宗教文化不同，在色彩认识上的表现也不相同。

（2）色彩表现版面空间感

版面空间感的表现可以通过色彩层次来表现，我们可以通过单冷色系或单暖色系来实现版面的空间感，使用单冷色系或单暖色系的色彩搭配，能够体现出明确的心理感受，突出版面的印象，利用冷色或者暖色色彩属性的差别，通过并置、渐变、叠加等手法可以体现出版面的空间层次。除此之外，我们也可以选择同类色来表现版面的空间感，同类色主要是指同一色相中不同色彩变化。如蓝色类有天蓝、湖蓝、钴蓝、普蓝、群青、钛青蓝、深蓝等，这种方法主要利用色彩的明度差别和色彩纯度变化来营造版面的空间感，低明度或低纯度的色彩表现远景，高明度或高纯度的表现近景。最后，我们还可以使用色彩对比表现版面空间感，主要指利用色彩明度、面积、冷暖等差异，形成视觉上的远近、进退、大小等差异，来实现版面的空间感营造，如图 4-35 至图 4-37 所示。

图 4-35　单冷色系表现版面空间感

图 4-36　单暖色系表现版面空间感

图 4-37　色彩对比表现版面空间感

（3）利用色彩情感编排版面

色彩情感主要是指色彩作用于人的视觉器官，通过视觉神经传入大脑，大脑会经过以往的记忆和经验产生联想，从而形成一系列的心理反应。利用色彩情感编排版面，更容易对读者心理形成刺激，产生情感交流。

利用色彩可以营造版面的冷暖感，红色、橙色常使人联想到阳光、火焰，会给人温暖的感觉。蓝色常使人联想到海洋、天空，有寒冷的感觉。

利用色彩体现软硬感，色彩的软硬感主要与纯度和明度有关，高明度的含灰色系给人柔软的感觉，低明度的含灰色系给人坚硬的感觉。此外，利用色彩还可以表现华丽与朴素感，兴奋与沉静感，明快与忧郁感的版面氛围，如图 4-38 所示。

图 4-38　利用色彩营造版面冷暖感

（4）利用色彩的心理编排版面

色彩心理指的是人们接触到某一色彩时所想到的东西，包括色彩的具体联想和抽象联想。色彩的具象联想体现为，如人们看到红色会联想到的具体物象有血液、辣椒、玫瑰；橙色令人联想到橘子、橙子；绿色联想到树木、森林等。色彩的抽象联想体现为，同样看到红色会给人热情、刺激的感受，令人产生兴奋、激动、愤怒、烦躁等情绪；橙色给人活跃、开朗的感受。绿色给人清爽自然的感受，使人产生放松、平静的情绪，如图 4-39 所示。

图 4-39　利用色彩心理编排的谷歌 Google2014 年度报告宣传册版式设计

（5）利用色彩对比关系编排版面

色彩的对比关系包括明度对比、纯度对比、色相对比、冷暖对比等，利用不同的色彩对比关系都可以增强版面的视觉冲击力。利用明度对比可以使版面中不同的视觉元素层次分明，获得较好的视觉效果，如图 4-40 所示。利用色相对比增强版面的视觉冲击力，当版面的图片素材不够醒目或数量极少的情况下可以采用添加色块的方式来增强版面的视觉冲击力。强对比的色相搭配能够赋予版面醒目的视觉效果，如红色与绿色、蓝色与橙色、黄色与紫色为补色搭配，属于强对比的配色。利用纯度对比同样也可以增强版面的视觉冲击力，不同纯度色彩构成的版面要比同等纯度色彩构成的版面视觉效果要好，因为高纯度的色彩，对比后纯度会显得更高，自然获得的效果会更好。利用色彩的冷暖对比可以增强版面的视觉冲击力。利用冷色和暖色的视觉心理，将其编排在同一个版面当中，通过对比会使人感觉冷色更冷，暖色显得更暖，从而使各自的视觉效果得到加强，如图 4-41 所示。

图 4-40　利用色彩明度对比编排的版面

图 4-41　利用图片色彩冷暖对比编排的版面

4.3　版式设计风格

4.3.1　古典版式设计

古典版式设计是五百多年前以德国人谷登堡为代表的一些欧洲图书设计艺术家所确立的版式设计形式，具有典雅、均衡、对称的特色，一直沿用至今。这种设计形式的特点：以订口为轴心左右两面对称，字距、行距具有统一尺寸标准，天头、地脚、订口、翻口均按照一定的比例关系组成一个保护性框子。文字油墨的深浅和版心内所嵌图片的黑白关系都有严格的对应标准，如图 4-42 所示。

图 4-42　欧洲古典风格版式设计

4.3.2　网格版式设计

网格设计于 20 世纪 30 年代起源于瑞士，是运用固定的格子设计版面的方法，把版心的高和宽分

为一栏、二栏、三栏以至更多的栏，由此规定一定的标准尺寸，运用这个标准尺寸控制和安排文章、标题和图片，使版面形成有节奏的组合，未印刷部分成为被印刷部分的背景。网格设计以比例、力场、中心、方向、对称、均衡、空白、韵律、对比、分割等艺术规律的运用，达到理想的设计效果。网格设计风格的形成离不开建筑艺术的深刻影响，它运用数学的比例关系，具有紧密连贯、结构严谨等特点。如果只考虑网格的结构而忽略了灵活的应用，那么网格将成为一种约束物，导致布局呆板。因此，在现代设计中创造性地应用网格设计尤为重要，如图 4-43 所示。

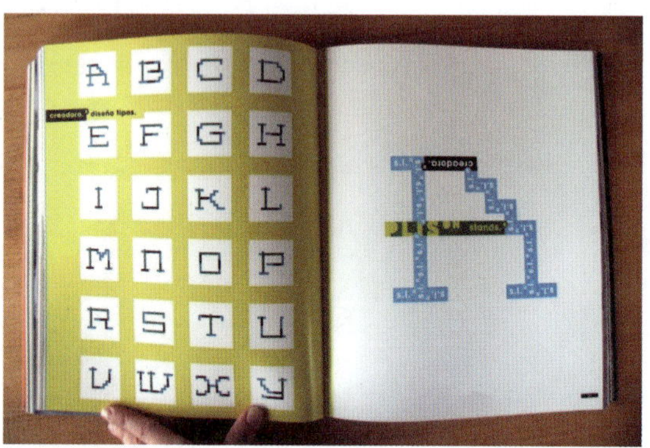

图 4-43　网格版式设计

4.3.3　自由版式设计

自由版式设计科技成果的突破，激光照排技术的产生，是自由版式设计诞生和发展的前提。特别是计算机制版技术的普及，使自由版式设计成为一股不可阻挡的潮流。自由版式设计的代表人物是美国设计师戴维·卡森。他改变了字体和书写的规律，突破了人们原来对版式设计的认识和传统设计的界限，开创了划时代的设计新观念。当然，自由版式设计必定也有自身的形式规律，这就是版心无疆界性、字图一体性、解构性、局部的非阅读性和字体的多变性，如图 4-44 所示，为自由版式设计编排的书籍内页，给人大胆、随性、充满创意的视觉印象。

图 4-44　自由版式设计的书籍内页

（1）版心无疆界性。自由版式设计既不同于古典式的结构严谨对称，也不同于网格设计中的栏目条块分割，而是依照设计对象中文字、图形的内容随心所欲地自由编排。实物所占空间与空白间隙同等重要，无所谓天头、地脚、订口、翻口，可让读者产生丰富的想象空间。

（2）字图一体性。这是把文字作为图形的一部分，将此“文字图形”作为一幅绘画作品，运用形式美的节奏、韵律、垂直、倾斜、虚实等手法来完成，达到字图一体；还可将文字叠加、重合等，以增加空间厚度和层次。

（3）解构性。这是指将古典排版秩序肢解、破坏从而重组新型的版面。这与艺术创作、平面设计的后现代主义思潮一脉相承。

（4）局部的非阅读性。这是对现代设计更高境界的追求，是功能美与和谐的结合。例如戴维·卡森常将文字作虚化处理，通过文字的旋转、重叠而使其表达意义的功能大大弱化，从而成为非阅读部分。这是在高信息量的生活环境中，简化一部分信息而强化另一部分特别需要的信息，以达到两者高度统一的艺术手法。

（5）字体的多变性。这是指在设计中充分运用各种各样的字体形式，从而使设计充满时代感。

4.4　版式设计基本流程

4.4.1　版心

版心也称版口，指书籍翻开后两页成对的双页上容纳图文信息的面积。版心的四周留有一定的空白，上面叫做上白边，下面叫做下白边，靠近书口和订口的空白叫做外白边和内白边，也依次称为天头、地脚、书口和订口。这种双页上对称的版心设计称为古典版式设计，是书籍千百年来形成的模式和格局，如图 4-45 所示。

版心在版面的位置，按照中国直排书籍传统方式的编排是偏下方的，上白边大于下白边，便于读者在天头加注眉批。而现代书籍绝大部分是横排书籍，版心的设计取决于所选书籍的开本，要从书籍的性质出发，方便读者阅读，寻求高和宽、版心与边框、天地头、内外白边之间的比例关系。

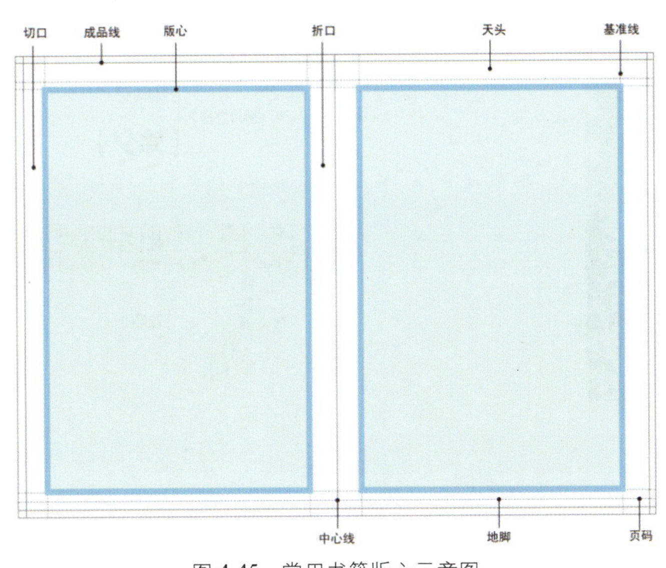

图 4-45　常用书籍版心示意图

4.4.2　排式

排式是指正文的字序和行序的排列方式。我国传统的书籍大多采用直排的方式，即字序自上而下，行序自右而左。这种形式是和汉字的书写习惯顺序一致的。现在出版的书籍，绝大多数采用横排。横排的字序自左而右，行序自上而下。横排形式适合人类眼睛的生理结构，便于阅读，如图 4-46 所示为直排式书籍设计，较为传统、古典。但按照现代人的阅读习惯，阅读较为不便。如图 4-47 所示为横排式书籍设计，较为现代、理性，阅读起来更加轻松随意。

字行的长度也有一定限制，一般不超过 80~105mm。有较宽的插图和表格的书籍，要求较宽的版心时，最好排成双栏或多栏。

图 4-46　直排式书籍设计

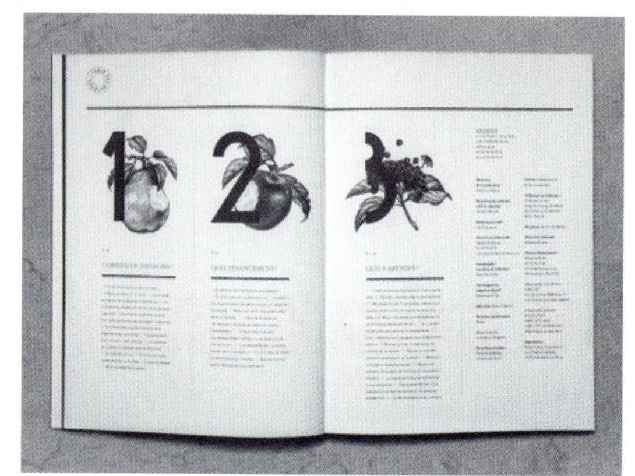
图 4-47　横排式书籍设计

4.4.3　确定字体

字体是书籍设计的最基本因素，它的任务是使文稿能够阅读，字形在阅读时往往不被注意，但它的美感不仅随着视线在字里行间里移动，会产生直接的心理反应。因此，当版式的基本格式定下来以后，就必须确定字体和字号。常用设计字体有宋体、仿宋体、楷体、黑体、圆体、隶书等。

宋体的特征是字形方正，结构严谨，笔画横细竖粗，在印刷字体中历史最长，用来排印书版，整齐均匀，阅读效果好，是一般书籍最常用的主要字体，如图 4-48 所示。

图 4-48　宋体正文的书籍版式设计

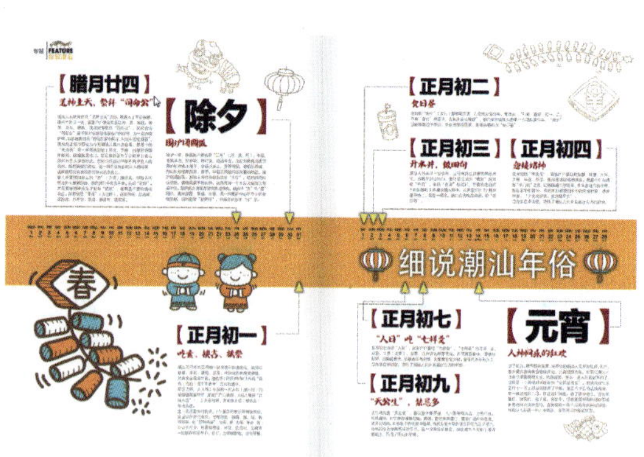

图 4-49　黑体标题的书籍内页设计

仿宋体是模仿宋版书的字体。其特征是字体略长，笔画粗细匀称，结构优美，适合排印书籍和短文，或用于序、跋、注释、图片说明和小标题等。由于它的笔画较细，阅读时间长了容易损耗目力，效果不如宋体，因此不宜排印长篇的书籍。

楷体的间架结构和运笔方法与手写楷书完全一致，由于笔画和间架不够整齐和规范，只适合排小学低年级的课本和儿童读物，一般书籍不用它排正文，仅用于短文和分级的标题。

黑体的形态和宋体相反，横细笔画粗细一致，虽不如宋体活泼，却因为它结构紧密、庄重有力，常用于标题和重点文句，如图 4-49 所示。由于色调过重不宜排正文。而由黑体演变而来的圆黑体，具有笔画粗细一致的特征，只是把方头方角改成了圆头圆角，在结构上比黑体更显得饱满充实，有配套

的各种粗细之分，其细体也适用于排印某些出版物。

也有一些字体电脑字库里是没有的，需要借助电脑软件创制，还有些字体，需要靠手绘创制出基本字形后，再通过扫描仪扫描到电脑软件中加工。每本书不一定限用一种字体，但原则上以一种字体为主，他种字体为辅。在同一版面上通常只用二至三种字体，过多了就会使读者视觉感到凌乱，妨碍视力集中。

书籍正文用字的大小直接影响到版心的容字量。在字数不变时，字号的大小和页数的多少成正比。一些篇幅很多的廉价书或字典等工具书不允许出得很大很厚，可用较小的字体。相反，一些篇幅较少的书如诗集等可用大一些的字体。一般书籍排印所使用的字体，9P~11P 的字体对成年人连续阅读最为适宜。8P 字体使眼睛过早疲劳。但用 12P 或更大的字号，按正常阅读距离，在一定视点下，能见到的字又较少了。

大量阅读小于 9P 字体会伤眼睛，应避免用小字号排印长的文稿。儿童读物需用 36P 字体。小学生随着年龄的增长，课本所用字体逐渐由 16P 到 14P 或 12P。老年人的视力比较差，为了保护眼睛，也应使用较大的字体。

4.4.4　字距行距

字距是指文字行中字与字之间的空白距离，行距指两行文字之间的空白距离。一般图书的字距大都为所用正文字的五分之一宽度，行距大都为所用正文字的二分之一高度，即占半个字空位。但无论何种书，行距要大于字距。

4.4.5　确定版面率

版面率是指文字内容在版心中所占的比率。版面中文字内容多则版面率就高，反之则低。从一定角度讲反映着设计对象在价格方面的定位。在现实的设计过程中，要求设计者认真地对设计对象的内容、成本、开本的大小、设计风格等诸多因素进行全面的考虑，从而最后确定设计稿的版面率，如图 4-50 所示。

图 4-50　不同版面率的书籍版式设计

4.4.6　按照书籍开本比例确定文字和插图位置

版面的设计取决于所选的书籍开本。要从书籍的性质出发，寻求高与宽、版心与边框、天头与地头和内外白边之间的比例关系，还要从整体上考虑分配至各版面的文字和插图的比量。

4.4.7 定稿

将版式设计稿交给客户过目，与客户多次沟通思想，交换意见后，完善设计稿，再经客户审完后定稿，然后在电脑上制作制版用的正稿。

4.5 版式中正文设计的其他因素

4.5.1 重点标志

在正文中，一个名词、人名或地名，或者一个句子或一段文字等可以用各种方法加以突出使之醒目，引起读者注意。在外文中，排装正文的斜体是最有效的和最美观的突出重点的方法。在正文中，一般用黑体、宋黑体、楷体、仿宋体及其他字体以示区别正文，如图 4-51、图 4-52 所示。

图 4-51　英文书籍重点标志

图 4-52　中文书籍重点标志

4.5.2 段落区分

一般书籍的正文段落采用缩格的方法。每一段文字的起行留空，一般都占两个字的位置，也就是缩两个格，但多栏排的书籍，每行字数不是很多时，起行也有只空一格的。段落起行的处理是为了方便阅读，也有一些书，从书籍的内容和性质出发，采用首写字加大、换色、变形等方法来处理，如图 4-53 所示。

4.5.3 页码

页码是用于计算书籍的页数，可以使整本书籍的前后次序不至于混乱，是读者检查目录和作品布局所必不可少的。

多数图书的页码位置都放在版心下方靠近书口的地方，与版心距离为一个正文字的高度。有将页码放在版心下方正中间的，也有放在上面、外侧、里面靠近订口的。排有页标题的书籍，可以把页码和页标题合排在一起。

也有一些图书，某页面为满版插图时，或在原定标页码的部位，被出血插图所占用，应将页码改为暗码，即不注页码，但占相应页码数。还有一些图书，正文则从“3、5、7”等页码数开始，而前面扉页、序言页等并没排页码，这类未标页码的前几页页码被称为空页码，也占相应页码数。

页码字可与正文字同样大小，也可大于或小于正文字，有些图书页码还衬以装饰纹样、色块。但页码的装饰和布局必须统一在整个版面的设计中，夸大它的重要性是不必要的。

图 4-53　手写字母加大的段落区分

4.5.4　页眉

页眉是指设在书籍天头上比正文字略小的章节名或书名。页码往往排在页眉同一行的外侧，页眉下有时还加一条长直线，这条线被称为书眉线。页眉的文字可排在居中也可排在两旁。通常放在版心的上面，也有放在地脚处。

4.5.5　标题

图 4-54　不同书籍中的标题编排

书籍中的标题有繁有简，一般文学创作只有章题，而学术性的著作则常常分部分篇，篇下面再分章、节、小节和其他小标题等，层次十分复杂。为了在版面上准确表现各级标题的主次性，除了对各级字号、字体予以变化外，版面空间的大小，装饰纹样的繁简，色彩的变化等都是可考虑的因素。重要篇章的标题必要时可从新的一页开始，排成占全页的篇章页，如图 4-54 所示。

标题的位置一般在版心三分之一到六分之一的上方。也有追求特殊效果，把标题放在版心的下半部。应避免标题放在版心的最下边，尤其在单页码上更要注意，要使标题不脱离正文。

副标题在正标题的下面，通常用比正标题小一些的另一种字体。

4.5.6 注文

注文是对正文中某一名词、某一句、某一段文字等所加的解释。

1. 夹注

注文夹排在正文中间，紧接着被解释的正文后面。夹注的条件是注文很少，或者要注释的字数不多，用与正文字同号的字，前后加排括号或破折号直接进行解释。

2. 脚注

把本页的注文集中放在版心内正文下方的位置，顺序分条排列，这种脚注和正文在同一页上，既保持了版面的完整，又便于读者检阅，是一种最合理的方式。

3. 后注

把书籍中所有的注文用连续数字标出，集中顺序在正文的后面进行注释，称书后注。该页的注文排在本页的末尾，称页后注；另外还有篇后注、段后注等。

4. 边注

边注是从画册中图片的注文发展而来的，一般用于科技书籍、画册图片的编号和简短的注释。

注文的字体应比正文的字体小一号或两号，行距也应相对缩小。注文必须放在版心以内，可以用一空行或加一条细线与正文隔开。

4.6 书籍装帧的版式设计

4.6.1 文字群体编排

文字群体的主体是正文，全部版面都必须以正文为基础进行设计。一般正文都比较简单朴素，主体性往往被忽略，常需用书眉和标题引起注目，然后通过前文、小标题将视线引入正文。

文字群体编排的类型有左右对齐、行首取齐、中间取齐、行尾取齐。

左右对齐是将文字从左端至右端长度固定，使文字群体的两端长度固定、整齐美观，如图 4-55 所示。

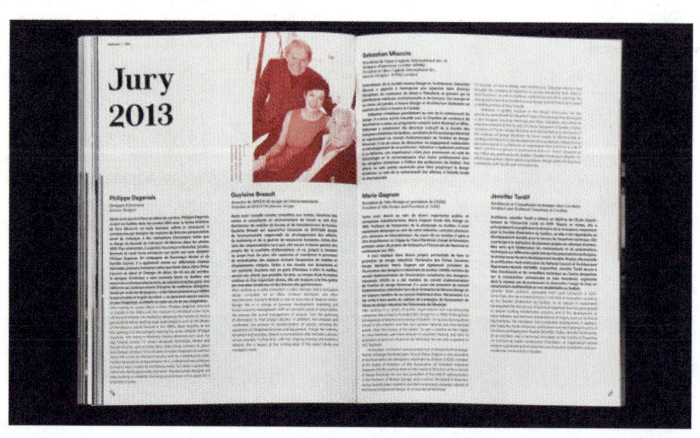

图 4-55　文字左右对齐的群体编排

行首取齐，行尾顺其自然，是将文字行首取齐，行尾顺其自然或根据单字情况另起下行。

中间取齐是将文字各行的中央对齐，组成平衡对称美观的文字群体。

行尾取齐是固定尾字，找出字头的位置，以确定起点，这种排列奇特、大胆、生动。

4.6.2　图文配合的版式

图文配合的版式，排列千变万化，但有一点要注意，即先见文后见图，图必须紧密配合文字。

1. 以图为主的版式

儿童书籍以插图为主，文字只占版面的很少部分，有的甚至没有文字，除插图形象的统一外，版式设计时应注意整个书籍视觉上的节奏，把握整体关系。图片为主的版式还有画册、画报和摄影集等。这类书籍版面率比较低，在设计骨骼时要考虑好编排的几种变化。有些图片旁需要少量的文字，在编排上与图片在色调上要拉开，构成不同的节奏，同时还要考虑与图片的统一性，如图 4-56、图 4-57 所示。

图 4-56　以图为主的儿童书籍

图 4-57　以图为主的画册

2. 以文字为主的版式

以文字为主的一般书籍，也有少量的图片，在设计时要考虑书籍内容的差别。在设计骨骼时，一般采用通栏或双栏的形式，可以较灵活地处理好图片与文字的关系，如图 4-58 所示。

图 4-58　以文字为主的书籍版式设计

3. 图文并重的版式

一般文艺类、经济类科技类等书籍，采用图文并重的版式。可根据书籍的性质、以及图片面积的大小进行文字编排，可采用均衡、对称等构图形式，如图 4-59 所示。

现代书籍的版式设计在图文处理和编排方面，大量运用电脑软件来综合处理，带来许多便利，也出现了更多新的表现语言，极大地促进了版式设计的发展。

图 4-59　图文并重的书籍版式设计

4.7　案例分析

4.7.1　日本水彩插画风格图书《冷温》版式设计分析

如图 4-60 至图 4-62 所示为日本文学作品《冷温》的版式设计，该书整体采用水彩插画风格，畅快、雅致，较好地表达了书籍的意境。水彩手绘插画以清新、自然、细腻的画面著称，创造了独具一格富有动感而又细腻的表现方式。画风写意生动、水色淋漓，画面多留有白色底色，画面简洁、颜色通透、变化丰富微妙，有一种安静但直达人心的力量。书籍开本采用常用大 32 开，符合文学书籍的特点，方便读者阅读。整个版面安排采用竖版形式，排式采用直排形式，给人较为传统的印象。

版式设计采用自由的版式设计风格，具有版心无疆界性。既不同于古典式的结构严谨对称，也不同于网格设计中的栏目条块分割，而是依照设计对象中文字、图形的内容随心所欲地自由编排。实物所占空间与空白间隙同等重要，无所谓天头、地脚、订口、翻口，可让读者产生丰富的想像空间。同时也具有字图一体性的特点。个别图页把文字作为图形的一部分，将此“文字图形”作为一幅绘画作品，运用形式美的节奏、韵律、垂直、倾斜、虚实等手法来完成，达到字图一体；书籍封面将文字与图形叠加处理，增加了空间厚度和层次。

书籍采用图文并重的版式，有效提高读者的阅读兴趣，通过图文的阅读，更准确地体会文章所表达的内容和意境。文字编排采用多种形式，如书籍目录文字采用较为特殊的顶对齐的编排形式，既规整严谨又不失节奏感。书籍总体给人自然、清新、轻松、随意的视觉印象，设计语言丰富而富于变化，色彩和谐统一，该书籍既有文学欣赏性又具有艺术性，是文学与艺术的完美融合。

图 4-60　日本水彩插画风格图书《冷温》版式设计

图 4-60　日本水彩插画风格图书《冷温》版式设计（续）

图 4-61　日本水彩插画风格图书《冷温》版式设计

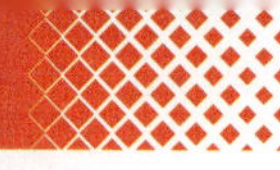

图 4-61　日本水彩插画风格图书《冷温》版式设计（续）

图 4-62　日本水彩插画风格图书《冷温》版式设计

4.7.2　《本の本》书籍版式设计分析

如图 4-63、图 4-64 所示为《本の本》书籍版式设计，该书籍采用较为传统的编排形式，运用古典版式设计，具有典雅、均衡、对称的特色。这种设计形式的特点是以订口为轴心左右两面对称，字距、行距具有统一尺寸标准，天头、地脚、订口、翻口均按照一定的比例关系组成一个保护性框子。文字油墨的深浅和版心内所嵌图片的黑白关系都有严格的对应标准。版心在版面的位置，类似于中国直排书籍传统方式的编排是偏下方的，上白边大于下白边。书籍中图形的编排又对传统形式有所突破，避免版面过于呆板，形成既现代又传统的视觉印象。版面纸张也采用较为古朴的怀旧色纸，书籍中图片采用传统插图形式，图片做旧处理与版面纸张和谐统一。多数页面采用跨页的书籍排版方式，图片占有较大的面积，具有较强的视觉冲击力。文字大多左对齐编排，既严谨又富于节奏，在此基础上又穿插了一些图片形成了丰富的视觉效果。

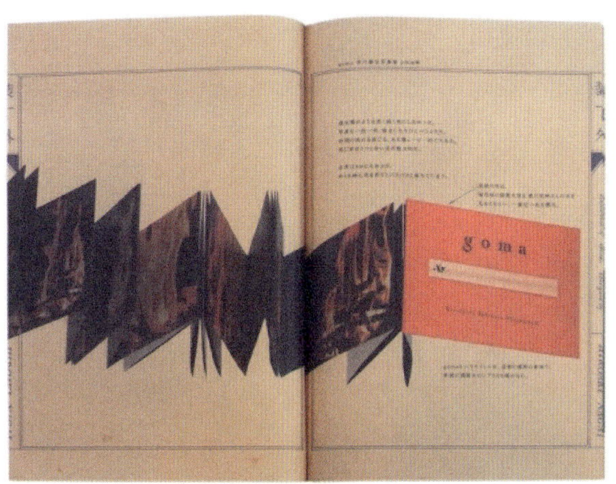

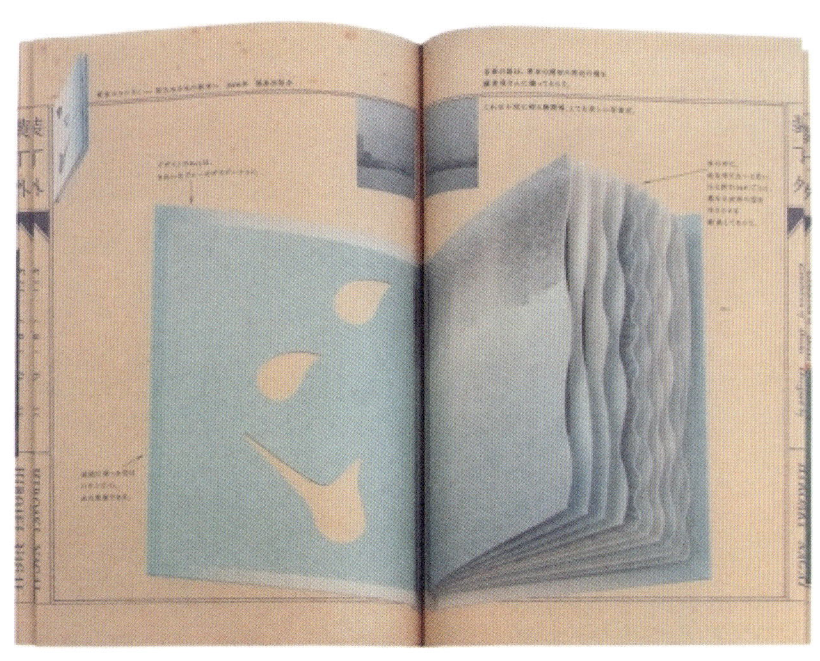

图 4-63　日本书籍《本の本》版式设计

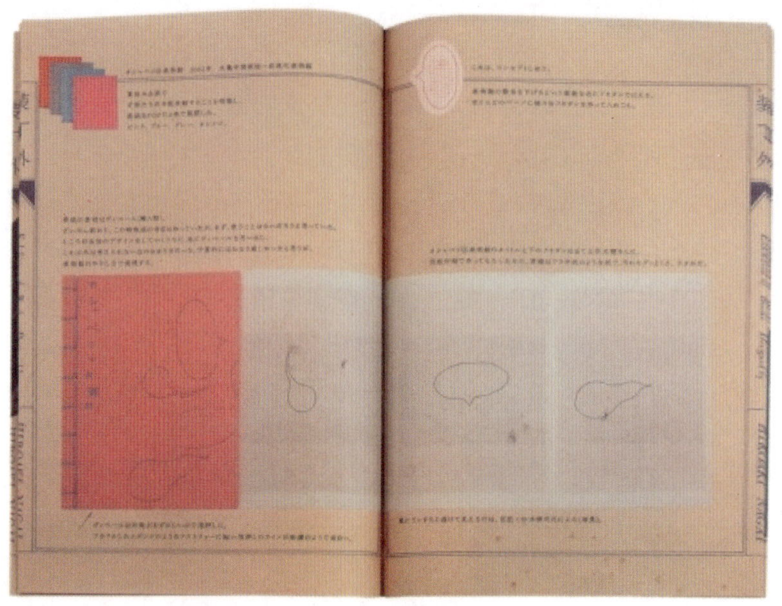

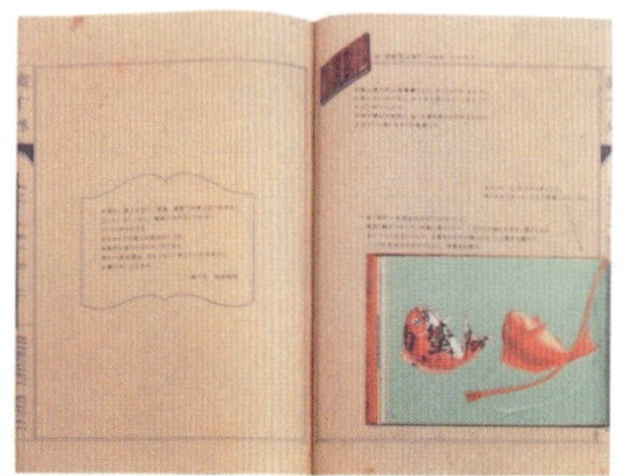

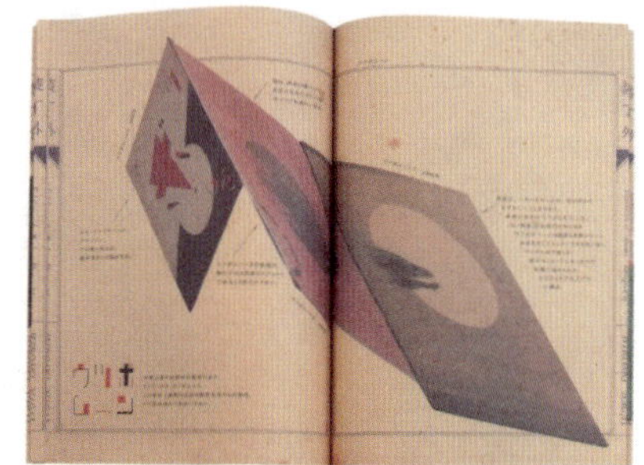

图 4-64　日本书籍《本の本》版式设计

4.8　作品点评

如图 4-65 至图 4-67 所示为 AKTIVIERUNG, WIE GEHT DAS 书籍版式设计，该书籍版式设计主要采用手绘插画风格，封面采用密集的线条纹理编排，具有较强的形式感。书籍中的插图采用手绘的形式，直观明了，给人亲切自然的感觉。插图的绘制与文字内容相结合，极富想象力，生动有趣，激发读者阅读的兴趣。多数插图满版编排，具有较强的视觉冲击力。色彩以绿色和黑色为主，形成统一的色调，增强整体感。文字编排采用左对齐的形式，较之两端对齐的文字更具自由感，规整而富于节奏。分栏处理便于阅读。文字的版面编排上，上白边较大区别于传统设计形式，凸显个性。书籍版式总体感觉生动有趣、条理清楚、层次分明、专业、严谨、形式感较强。

图 4-65　AKTIVIERUNG, WIE GEHT DAS 书籍版式设计

图 4-66 AKTIVIERUNG, WIE GEHT DAS 书籍版式设计

图 4-67　AKTIVIERUNG, WIE GEHT DAS 书籍版式设计

如图 4-68 至图 4-71 所示为 Vie 书籍版式设计，该书籍采用自由式版式编排，依照设计对象中文字、图形的内容随心所欲地自由编排。实物所占空间与空白间隙同等重要，无所谓天头、地脚、订口、翻口，可让读者产生丰富的想象空间。书籍封面形成图文一体式的编排形式，给人新颖别致的感觉，图片的分割与书籍名称的手写字母外形一致，形成既呼应又统一的视觉效果。说明性文字左对齐编排，既整齐有序，又富于节奏感。版面中适当的留白设计增强透气感，书籍底部数字的残缺处理，更具现代感。书籍内文文字多数采用两端对齐的形式，给人严谨可信赖的感觉。部分图片采用出血图片，铺满整个页面，增强图片感染力，使整个版面充满视觉张力。书籍整体编排构思巧妙，富于创意，新颖别致，艺术感强，风格统一、色彩和谐，体现现代、时尚、大气的设计风格。

图 4-68　Vie 书籍版式设计

图 4-69　Vie 书籍版式设计

图 4-70　Vie 书籍版式设计

图 4-71　Vie 书籍版式设计

4.9 课后练习

4.9.1 旅游类杂志封面及内页设计

旅游类杂志多为图文并重的版面编排，图片编排占有较大的面积，选用的色彩与图片和谐统一，给人舒服的感觉，图片也多选用优美或具有特色的，更能吸引读者阅读的欲望。依据旅游类杂志这一主题，设计一款国内外任一城市旅游书籍封面及几组内页编排设计。

创意思路：版面设计以图片为主要构成要素，设计时注意图片的面积处理及位置安排，充分突出设计主题。在设计时应该具有巧妙的创意、简洁的构图、和谐的色彩，参考作品如图 4-72、图 4-73 所示。

图 4-72　重庆旅游杂志封面设计

图 4-73　重庆旅游杂志内页版式设计

4.9.2 儿童书籍封面设计

儿童书籍一般给人的印象都是色彩鲜艳明快，形象生动活泼，给人亲切自然、丰富多彩的视觉感受。

创意思路：儿童书籍封面的设计应与书籍内容相符，色彩搭配上应该有较为丰富的色彩配置，符合儿童的设计主题，应以图片素材为主，文字为辅。设计时也应考虑书籍适合的儿童年龄层次，低龄儿童的读物应该选择形象简单，色彩更加鲜艳的。年龄大一点的儿童读物可选择更加生动复杂一点的形象作为版面的构成要素。版面构图样式的选择上，应该贴近儿童的心理，整个版面应该给人活泼、生动、热闹、神秘的视觉感受，充分调动儿童阅读的兴趣。参考作品如图 4-74 至图 4-76 所示。

图 4-74　儿童书籍封面设计

图 4-75　儿童书籍封面设计

图 4-76　儿童书籍封面设计

画册、设计类书籍常用 12 开、24 开等，便于安排图片，常选用书籍中具有代表性的图画再配以文字的设计手法排版。文化类书籍在设计时，多采用与文章表达情感相符合的图片作为封面的主要图形，文字的字体也较为庄重，多用黑体或宋体；整体色彩的纯度和明度较低，视觉效果沉稳，以反映深厚的文化特色。儿童类书籍形式较为活泼，在设计时多采用可爱的儿童插图作为主要图形，再配以活泼稚拙的文字来构成书籍封面。工具类图书一般经常使用，内容丰富，书籍比较厚，因此在设计时多用硬书皮；封面图文设计较为严谨、工整，有较强的秩序感。综上所述，所有优秀的书籍设计必须根据图书的题材、风格，再加上设计师对文化的理解与品味。

第 5 章 书籍设计的分类

5.1 文学与艺术类书籍

文学即语言艺术，指以语言文字为工具形象化地反映客观现实、表现作家心灵世界的艺术，并以不同的形式表现内心情感、再现一定时期和一定地域的社会生活。广义的艺术概念包括文学在内。艺术体现和物化着人的一定审美观念、审美趣味与审美理想。无论艺术的审美创造抑或审美接受，都需要通过主体一定的感官去感受和传达并引发相应的审美经验。对艺术的审美分类，主要应根据主体的审美感受、知觉方式来进行。依据这个原则，艺术可以分为语言艺术、造型艺术、表演艺术、综合艺术四大类。文学与艺术之间共同的特征是富于想象力和抒情性，这类书籍涉及范围广泛，读者群也多样，年龄、职业、地域都有很大不同。文学类书籍如诗歌、散文、小说、人物传记、剧本、寓言、童话等，内容清新自然、优美流畅或故事跌宕起伏、曲折迷离；艺术类书籍如艺术理论、艺术设计、画册、写真集、音乐、书法、收藏鉴赏、民间文化等，色彩和版式丰富多变；还有教学为主的文化教材类书籍，设计师在书籍设计时往往要考虑个性与大众需求的兼容。

文集是诗文作品的汇编，大体上分为词曲、评论、总集、别集几种。文集多以文字为主，内容信息量大，多编著成一套多册。萧睿子设计湖南文艺出版社出版《王跃文作品集》（如图 5-1 所示）和墨西哥作家 Salomon Derreza 散文书籍（如图 5-2 所示），这两套书籍为了方便阅读都以白色为基调，大片的白色能表现空灵，使人产生联想。书籍封面是书籍装帧艺术的重要组成部分，犹如音乐的序曲，是把读者带入内容的向导，一幅成功的封面作品，能恰如其分地以形象给人的感受为基础展开艺术联想。文集中每本书在设计上都选择一种不同的颜色块面装饰书籍封面、书脊、封底，低纯度、高明度的颜色给人清新素雅的视觉感受。版面排版以文字为主，整齐、简洁、大方、朴素。其中《王跃文作品集》在封面中还加入简单的图片丰富版面。书籍整体装帧上能够感染读者，并产生无限的遐想，书与书之间通过标题文字、色彩、版面细节的设计既有区别又统一，体现了系列化的设计又符合文集的特点和淡雅清新的美学风格，使读者能够安静地阅读欣赏文章的内容。

如图 5-3、图 5-4 所示是小说《黑暗物质》与《福尔摩斯探案全集》，书籍内容量大，文章强调情节性、环境性。设计师们将书都设计成套，分多册，封面与书脊利用繁简的对比，加强书籍版式的节奏感，书脊上设计成图像与文字结合的效果，增强了视觉观赏性，设计师还设计了封套便于书籍的收藏，封套都选用深色为基调。如图 5-4 所示还使用了黑白照片为封套背景，加强读者对书籍内容的理解与无限的空间环境的遐想。

图 5-1　萧睿子设计

图 5-2　墨西哥作家 Salomon Derreza 散文书籍

图 5-3　外文书籍设计

图 5-4　外文书籍设计

书脊是书籍封面信息的重复、延续与补充，因此系列书籍在书脊的设计上要特别注意配图的连贯性与整体感。如图 5-5、图 5-6 所示的这两套系列书的有趣之处都在于书脊的设计。如图 5-5 所示为王序设计的《吴冠中全集》，设计师将画家的签名横贯整套系列书的书籍上，构思巧妙，艺术性强。书籍整体选用黑色，只有书籍的这一文字和封面吴冠中老先生的头像选用较亮的灰色，整套书籍设计简洁、大气，与画家的艺术追求相吻合。如图 5-6 所示整套为 5 本的精装书，每本书脊都有各自的图像，将 5 本书合在一起，书脊呈现统一的网格图像，与书籍的外包装设计的网格图形相呼应，整套书设计的美观大方、赏心悦目。

图 5-5　王序设计

图 5-6　外文书籍设计

如图 5-7 所示为设计师王序为当代雕塑家隋建国设计画册《点穴：隋建国艺术》，书籍设计的特色是运用特种纸（锡箔纸）作为封面的材料，在相应种类的纸张上用热压工艺完成。该书封面、封底、书脊没有图像，只有书名和出版社信息，由于锡箔纸的特性使书籍有很强的反光性，能够像镜子一样反射周围的物象，这一构思巧妙地体现了雕塑家艺术创作注重个人表达，反映当下现实的主张。

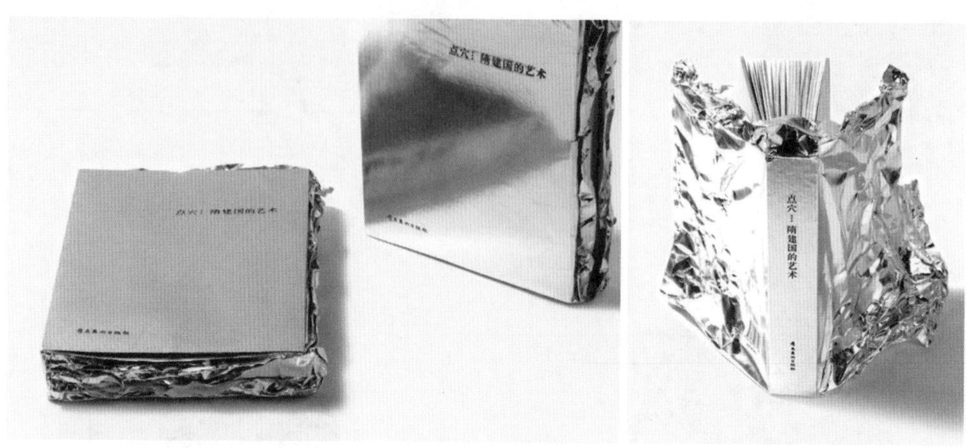

图 5-7　王序设计

如图 5-8 所示是一套由荷兰设计师 markus ravenhorst 和 maarten reynen 设计的传记书籍。这套图书的亮点是书籍的外形，即立体的自传作者肖像。书籍内页的文字安排也根据肖像本身的结构做出了调整，并不影响读者的阅读，整个图书创意确实非常令人称奇。

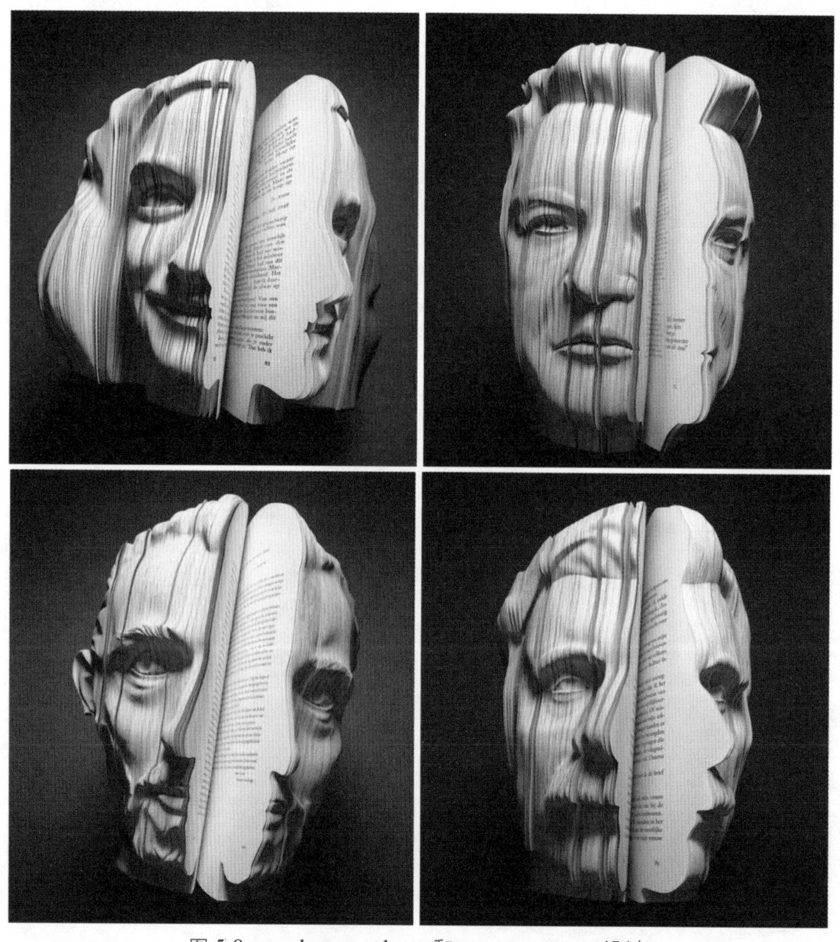

图 5-8　markus ravenhorst 和 maarten reynen 设计

如图 5-9 所示是 Victor Konovalov's BlackBox2 画册设计，封面使用抽象的几何符号作为主要的视觉元素来设计，设计师把对书籍内容的理解，自己的设计思想、情感、意图和对生活的体验富于形象化的表达。抽象图形语言是相对于具象图形而言的，它更多的是对形象化的思考，而不是自然实物的模仿或再现，是设计者内心思考的外在反映。文字 BlackBox2 设计在版面中间醒目的位置，“2”经过变形既是文字又好像书籍的断面图像，信息直观准确，设计巧妙。如图 5-10 所示是台湾设计师王志弘设计的莫言新书《蛙》，封面、封底和书脊是连贯的一张图像，图像中抽象的几何图形好像蛙排的卵，像极了一个个刚刚出生的小蝌蚪，画面留出大量的空白，既透气又给读者遐想的空间，标题文字醒目，提示文字简洁，整个版面设计充分体现了书稿的内涵风格，构思新颖、切题，有很强的感染力。

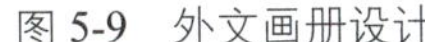

图 5-9　外文画册设计

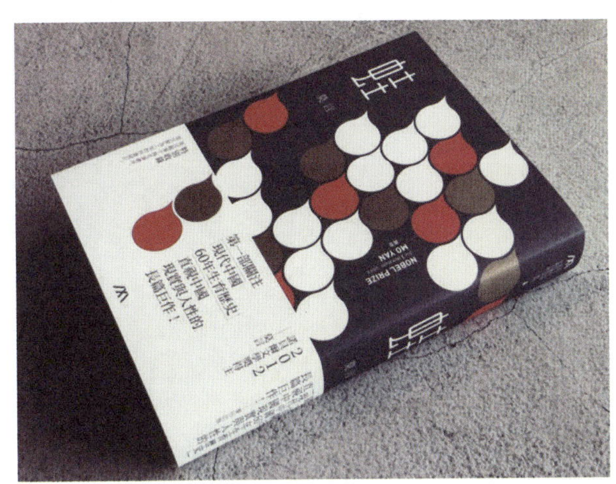

图 5-10　王志弘设计

如图 5-11、图 5-12 所示的两本书籍都是画册，特点是以图片为主，文字量少，从设计看无论封面还是内页都大胆运用了色彩之间的对比，封面与内页在风格和色调上都通过某种设计元素联系在一起而形成完整的书籍，整个书籍艳丽炫目又不失统一和谐。如图 5-11 所示，封面大面积采用多种色彩单元格设计，色彩明度、纯度、色相之间产生不同程度的对比，既增强封面空间感，又与内页的插图版式形成呼应，还切合了动感、时尚的主题，增强书籍版式格局的层次感，视觉效果活跃。单元格网格具有很强的灵活性，网格编排既整齐又可以自由发挥。如图 5-12 所示，画册追求个性与品味，在内页版面安排上虽然没有文字信息，图像信息量却很大，层次十分清晰分明，色彩运用色相对比与互补对比，具有很强的视觉效果。

图 5-11　画册设计

图 5-12　画册设计

如图 5-13 所示，书籍设计风格鲜明，整个封面以白色为主调，封面和书脊上的文字用了少量的高纯度的蓝色，大面积的空白给观者不是空的感觉，而是增加了视觉和心理的遐想空间，提升了整个设计的内涵和文化感。背景虽然采用的是图文结合，有淡淡灰蓝色的山峦，但是只起衬托的作用，简洁的蓝白色搭配富于理性、朴实，符合本书的本质和氛围。如图 5-14 所示的书籍是单纯、高贵、庄重的设计，典型的中国古典色彩黑红搭配，小面积的红色与大面积的黑色形成鲜明的对比与节奏，标题文字纵向排列增强视觉的延伸感，主题明确、层次丰富，视觉效果均衡舒适，体现了特有的中华民族文化与气息。

图 5-13　刘晓翔设计

图 5-14　刘峰设计

如图 5-15 所示的书籍函套设计单纯而精致，是利用镂空的设计形式，透过镂空的文字透出封面细密的插图，函套与封面繁简对比，加强了书籍的层次、节奏感与神秘感，既体现了封套的功能性又增加了美感，是现代社会深受欢迎的装帧方式之一。如图 5-16 所示是施德明（Stefan Sagmeister）为著名艺术家阿什利•比克顿（Ashley Bickerton）创作的一本书，设计师将这限量版书籍采用实木材料作为外封套，加以镂空并纯手工雕刻的装饰纹样，透过镂空的位置正好露出画册艺术家的名字，反映了设计师构思的巧妙，既富于变化又具有整体感。

图 5-15　外文画册设计

图 5-16　Stefan Sagmeister 设计

吾要设计的《坡芽书》（如图 5-17 所示）和曹琼德、卢现设计的《符号与仪式 - 贵州山地文明图鉴设计》（如图 5-18 所示），这两本书的设计体现了地域文化的特点，封面的图像都以典型的形式和风格存在，很好地利用了民族传统的版式和色彩。字体的选用以及它的大小、位置、排列方法和色彩，都与整个构图密切配合，使文字成为封面设计中完美的组成部分。

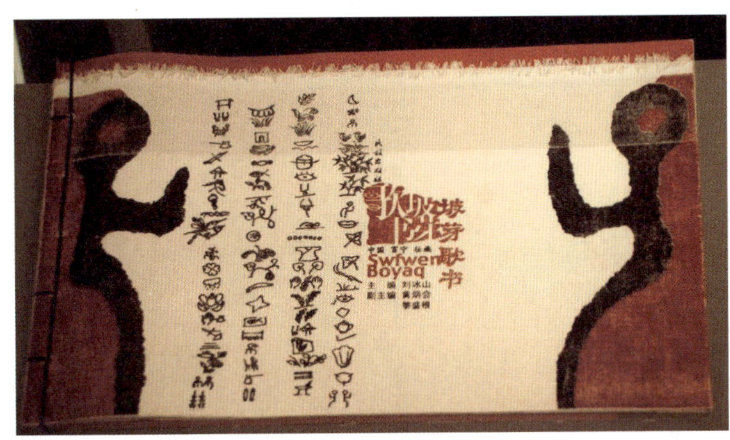

图 5-17　吾要设计

图 5-18　曹琼德、卢现设计

5.2　经济与科技类书籍

经济与科技类图书的专业性、理论性较强，强调突出现代感、科学感、未来感，在版面构成上多采用视觉上的快节奏、新奇的形式，幻觉多变的效果。这类书籍以文字排版为主要特点，多用于研究与参考，具有较强的科学依据和收藏价值。内页纸张由于内容的需要多为较薄的铜版纸，开本多以中型开本为主。

经济类书籍针对的读者基本是专业人士，版面设计多以理论文字为主，图片多是图表、数据等。经济类也属于社会科学类。

科技类书籍是反映自然科学、社会科学的书籍，包括数理化、天文、地理、动物、植物等综合性学科和边缘学科，它包括各种专业书籍、普通读物、计算机图书等。这类书籍面对的读者群非常广泛，设计上多采用图文并茂的形式说明，现在图片多采用逼真数码照片，或方便解剖局部的手绘插画效果图，图形版式设计偏于理性严谨，没有太过花哨的装饰。还有些针对少年儿童的自然科学类书籍，在设计上版面就较为活泼，字体、颜色变化相对丰富，以激发学习的兴趣为目的。

如图 5-19 所示的《经济百科全书》是一本经济类工具书，是系统汇集经济方面、按照特定的方法编排，供需要时查阅的文献。此书籍知识量密集，封面设计视觉元素简单，色彩选用稳重的褐色为基调，文字使用白色的黑体字，整体文字与背景色块搭配醒目、沉稳、统一。如图 5-20 所示的《国富论（全译本）》是本经济类书籍，封面欧式的建筑图像隐藏在朱红色背景下，画面既统一又有层次。高纯度的朱红色给人振奋的感觉，护封使用了湖蓝色，蓝色联想到海洋，给人浩瀚、平稳的感觉，这是一组互补色对比，强烈的色彩对比加强了书籍的辨识度。书籍封面标题文字使用了黑色，其他位置文字使用了白色，文字大小、粗细变化丰富，有很强的节奏韵律感。

如图 5-21 所示是一本工具书，版面采用简洁的色彩块面与逼真的数码照片相结合为背景，利用文字的大小变化增强节奏，整个设计简洁明快，充满了现代感。如图 5-22 所示为《中国侗族医药研究》，书籍设计中利用了传统名族图案为书籍封面的底纹，不同的棕色与褐色对比，增加了画面的层次，主题内容更为突出。科技书籍设计中虽然要求严谨，但是并不代表不能用夸张、联想、激情、寓意等手法，也需要设计师创造性的展开想象力，借物言志，把激情移入设计激发读者的审美情趣，使之产生共鸣。

图 5-19　经济类书籍设计

图 5-20　经济类书籍设计

图 5-21　书籍设计

图 5-22　刘谊设计

如图 5-23 所示为赵军设计的《青蒿素研究》，朴实的版面印刷设计，设计师提取书中内涵元素，直接将植物照片放在封面，文字的应用上只是简单的几句话进行描述，整个设计充满意境，视觉语言简洁、准确，有很强的表现力，这种表现手法常用在科技书籍方面。如图 5-24 所示的外文临床眼科学图谱是标准的科技类书籍，封面使用了眼珠为图像，并不是立体的完整的眼珠，而是只有虹膜和瞳孔，感觉好像宇宙一个神秘的空间，图像既点明了书籍的内容又能调动读者的想象力。

图 5-23　赵军设计

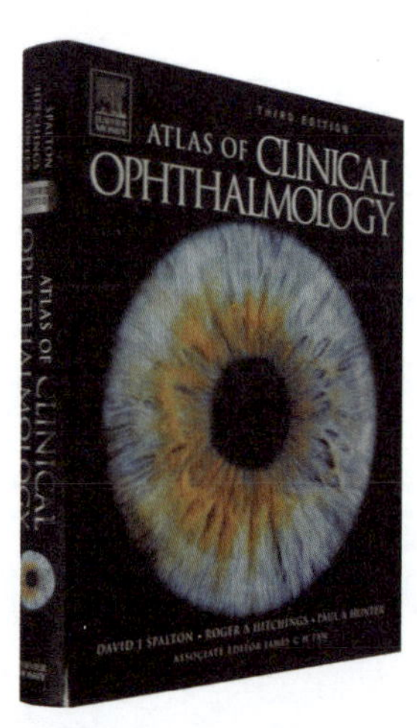

图 5-24　外文书籍设计

如图 5-25 所示的书籍封面创造性地绘制格状图形，与高大的玻璃建筑风格统一，体现书籍主题。如图 5-26 所示，《发现之旅》（珍藏版）是一部迷人的视觉盛宴，搜集了伦敦自然史博物馆里数百幅珍贵图片资料，自然界中的虫草花兽，被细腻摹画下来，封面植物和鸟就是用工笔的方式细致真实记录下来，笔触色彩、文字编排处处表现一种优雅、精准。

图 5-25　王鹏设计

图 5-26　书籍设计

如图 5-27 所示，《可畏的对称》是一本科普书籍，本书作者以一种崇高和欣赏的心情描述了 20 世纪物理学的伟大进展和成就。书籍封面图像采用左右对称的方式，颜色选择紫红色的基调，紫与黄最强烈互补色对比，增强书籍的神秘性与艺术性，体现了艺术与科学的联系。设计师以最易理解的、最生动的方式表现文章作者追求自然、单纯性的美，读者看到书籍的封面后会怀着敬畏站在近代物理的无际视野之前去品读书籍的内容。如图 5-28 所示，《一百种尾巴或一千张叶子》是一本既充满童真趣味，又有真实科学的科普读物。书籍以浅蓝色为基调，文字每个笔画都用不同纯度、色相的颜色书写，字的排列也不是整齐的，而是像波浪一样有高有低，在文字周围衬上白色不规则的图形，标题文字更加鲜艳夺目，浅蓝色背景下还有海豚、植物的图像，对应了书籍的内容又丰富了封面层次。整个书籍之所以这么设计与书籍内涵、定位有密切的关系，利用这种活泼的设计方式调动读者阅读理论性较强的科技类书籍，激发读者的热情使之不易疲劳。书籍装帧是视觉思维的直观认识与推理认识高度统一．以满足人们知识的、想象的、审美的多方面要求。

图 5-27　科普类书籍设计

图 5-28　科普类书籍设计

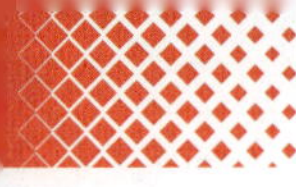

5.3 期刊杂志类书籍

期刊杂志分为文学类、艺术类、科技类等多种，特点都是由多位作者的文章汇编组成，定期或不定期出版，有固定的名称，版面要求有一定的连续性，顺序编号按期按卷或按年、月、季发行。期刊的分类如文学艺术类杂志包括小说、诗歌、散文、报告文学、电影、电视、舞蹈、音乐、戏剧、戏曲、绘画、设计、摄影、书法等；自然科学类杂志包括物理化数学、天文学、气象学、海洋学、地质学、生物学等基础科学及农业科学、医学科学、材料科学、能源科学、应用科学等；社会科学类杂志包括政治学、经济学、法学、教育学、文艺学、史学、社会学、名族学、语言学、宗教学等；综合类杂志包括更为广泛，如美容饮食、汽车、时尚流行等。杂志按照读者群的分类（如消费者杂志）包括食品、家电、化妆品等；行业杂志（商业杂志）专业性强，具有很强的专业定位；文学杂志通常文字内容多，插图轻松简洁；DM 杂志是消费类免费派送的杂志，没有刊号，这类杂志读者定位是有相当收入的群体；公共关系杂志（企业内刊），它分为内部发行的公司机构杂志和对外发行的公司机构杂志两类。

杂志封面设计与一般书籍设计大体相同，但在文字与图形清晰度方面要求非常高，不能出现类似漏白的错误，图片一般分为电脑鼠绘、数码照片、手绘插画三类。标题文字一定要醒目，一般选择与背景图片颜色呈对比、互补、黑白、荧光或金银等专色，字体多使用粗体或特殊的设计字体，字号偏大。封面上的文章导读标题文字也非常重要，导读文字颜色常与标题呼应，不能喧宾夺主，有时封面导读下还配有文章简介，颜色变化不多，多以黑白为主，起衬托主体图片和主打文章的作用。如图 5-29 至图 5-31 所示为现代的时尚类杂志，多采用中型开本，这与杂志内容信息量和阅读需求相关，杂志多使用铜版纸、胶装装订。封面多用高清晰人物照片，版式多采用文字围绕图片，字号在大小、粗细上变化丰富，字体颜色多与图片呼应。

图 5-29　时尚杂志设计

图 5-30　时尚杂志设计

图 5-31　时尚杂志设计

如图 5-32 所示为经济类杂志，封面选用的是鼠绘插画，鼠绘作品带有科技、时代、干练的感觉，封面颜色对比强烈，主题突出，标题醒目。如图 5-33 所示，漫画期刊 FABLES 选用的是手绘素描插图作为封面，手绘插图给读者的感觉是具有很强的亲和力，标题文字选用红色与背景素描黑白颜色进行对比，颜色更加耀眼突出。如图 5-34 所示，幻想杂志选用手绘油画作品作为封面，体现了杂志的定位、品味，读者群多为专业人士，杂志标题与插图颜色呼应，导读文字使用白色使整个封面的版面更加透气，也衬托了标题与图片色彩。

图 5-32　经济类杂志

图 5-33　漫画期刊

图 5-34　艺术杂志

如图 5-35 所示为法国家居杂志《IDEAT》，主要介绍室内设计、家居设计、家具、灯饰、家纺布艺、布艺家具、家居饰品等。图片与文字是书籍版式设计的两大构成要素，该杂志充分利用色彩给读者带来不同的视觉和心理感受，封面选用颜色丰富的图片，杂志标题选用了粗大的黑体和黑颜色，使整个版面形成明显的对比关系，具有强烈的视觉冲击力。如图 5-36 所示为国外园艺方面的期刊，图片选用内容相关的清晰数码照片，单元格式的版式，杂志标题在黑白颜色对比下醒目突出。

图 5-35　家居杂志

图 5-36　园艺期刊

如图 5-37 所示，期刊杂志是连续性很强的读物，将一定量的期刊杂志书脊设计成连续的图像或期刊杂志标题，更加醒目，并且具有收藏价值。杂志内页采用平均的半版编排，左边采用图片出血的编排样式，文字部分只有大标题几个字母，右边是很小图片放在中间，用大量文字环绕，文字分成左右两栏，读者阅读非常方便（如图 5-38 所示）。右页图文并茂，并且在版面上方重复出现左边大标题的字母，整个版面主题信息传达清晰、强烈。由此可见版面中文字设计已经超出了传递信息的单一功能，它能增强画面的层次与视觉特点，合理安排图片、文字的比例关系，能够平衡版面的视觉重心，显示杂志的独特魅力。

如图 5-39 所示为《世界地理》杂志，封面采用动物特写图片和白色标题文字、导读说明，每期杂志都使用黄色边框，整个版面图文组织有序、搭配合理，符合主题的要求。如图 5-40 所示为设计类杂志，封面标题与图像大面积使用橘色，少量使用蓝色与紫色，色彩对比强烈，突出了杂志的主题。

图 5-37　期刊设计

图 5-38　期刊内页设计

图 5-39　期刊设计

图 5-40　期刊设计

报纸 newspaper(s) 是以刊载新闻和时事评论为主的定期向公众发行的印刷出版物，是大众传播的重要载体，具有反映和引导社会舆论的功能。严格来说，报纸和期刊不一样。报纸刊登的部分消息未经证实，较少科学严谨性，期刊相对报纸来说，更具权威性。报纸版面设计主要考虑版式、标题、图片三个要素的安排，其依据是编辑对整版稿件的编排与处理，同时遵从于整个报纸的统一风格。报纸内容编排的最终抉择在编辑，编辑对稿件的组织及其对新闻的认知程度，都深刻影响着版面的整体风格。如图 5-41、图 5-42 所示的报纸中图文的大小位置、线框的粗细、文字的横竖安排等，都是经过设计师的精心安排，才能看到虚实关系十分明了的最终效果。现在报纸多使用彩色印刷，在视觉审美领域中图像是先于文字的，图像中近景比全景更能产生视觉冲击感，一般整版中显著的近景大图就是版心。按照浏览的习惯从上至下、从左到右，将整版的主题图片、标题放在上部作突出处理，用导读推荐新闻稿件，报纸标题使用美化技巧十分醒目。

图 5-41　外文报纸设计

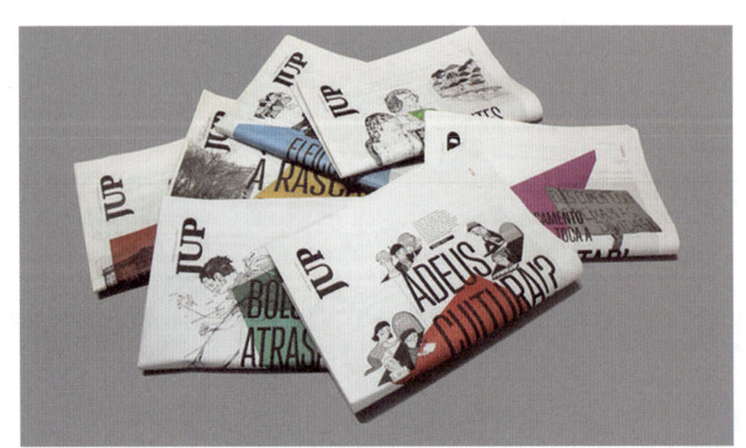

图 5-42　外文报纸设计

如图 5-43 所示，从手绘夸张变形的漫像占据版面的主要位置，能看出图片的地位与影响力，也说明读图时代的到来。该报纸使用黄色、蓝色搭配整个版面，中心形象和头条都使用醒目的黄色，具有很强感染力。版面文字模块式的编排，非常方便读者阅读。如图 5-44 所示，版面采用货架式的编排方式，减少了读者阅读的时间，能够快速地从版面上得到自己需要的信息。

LE GUIDE DI REPUBBLICA

LA STAGIONE DELL'AUDITORIUM

Frank Zappa
Sinfonia
ROCK

Lezione Battiato
"La musica
terribile mistero"

图 5-43　外文报纸设计

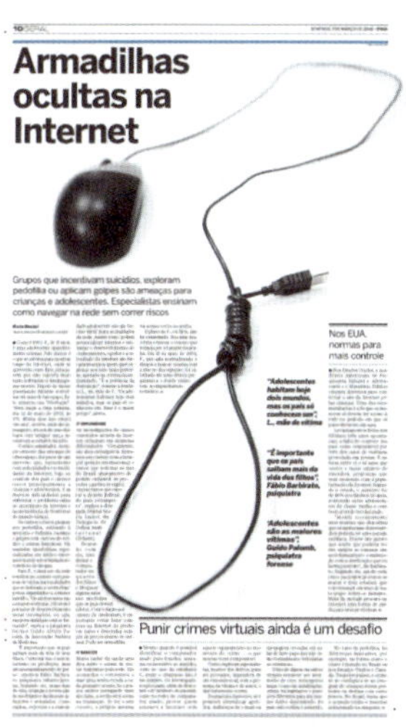
Armadilhas
ocultas na
Internet

Punir crimes virtuais ainda é um desafio

图 5-44　外文报纸设计

5.4　幼儿、少儿类书籍

儿童处在一段变化比较大的生长期，考虑其生理、心理在成长不同时期的差异，针对 3～6 岁儿童的书籍在设计时应具备尺寸小、重量轻、外形圆滑、容易翻动、柔软、不易破损的特点，读者群的限定就要求书籍的材料要符合健康、安全的最高标准，另外在视觉语言上以明亮色块的图形、简约的形式为主，视觉表述方式直接，以方便孩子更容易地获取信息。7～10 岁儿童的书籍应具备尺寸适中、重量轻、边角不锋利的特点，另外这个年龄段的孩子阅读内容可以图文并存，也可以是大量文字为主的书籍，但要注意文字大小、间距及图形的色彩，不要产生视觉疲劳。成年人有透视、立体的概念，对孩子而言没有三维立体的认识，只有二维平列式的。在孩子的眼中不分前后，他们眼中大的东西就绝对的大，小的就是绝对的小，还会经常把物体外化。例如他们画画的时候总会把后面的东西画得大于前面的东西，物体内部看不到的东西画到表面或呈现透视状。根据孩子的特点设计师将生动有趣的儿童画设计在封面使之产生亲切感，有些书加入声音便于阅读，还有些将仿真品贴在相应的物体上，让孩子们通过触摸来感受物体的质感，更有些将气味置入书中让孩子通过嗅觉直接感受。

由于这类书籍内容信息量不是很多，设计表现方法多采用奇异独特的开本，加上图片与文字结合的编排方式。对于封面的图案设计，无论是摄影图像还是手绘作品，我们都应尽量选取感人的、直观的、易被视觉接受的表现形式。版面色彩通常十分艳丽、对比强、活泼可爱，文字设计常常比较夸张，这些都是根据幼儿与少年儿童的特点和喜好来设计的。根据类型幼儿、少儿类书籍可以分为读物型和互动型，读物型书籍主要包括儿童启蒙、儿童文学、卡通书籍，互动型主要包括启蒙类、教学类。图书的品质、内容、性价比通常在书籍的封面上就表现出来，吸引小读者父母的关注和购买的欲望。

儿童书籍也应该顺应环保节能的社会潮流，才能在未来的市场中得到生存发展。例如纸张选用环保型纸张、油墨、粘胶，尽量减少塑料膜的使用，为纸张的回收利用创造条件，在儿童图书中占很大份量的课本选择环保、耐用的材料，使得这些课本能够被循环利用等。

如图 5-45、图 5-46 所示是儿童启蒙类书籍，设计师在色调上选用明快鲜艳的颜色刺激发育，还在书籍的形状选择灵活多变的异型开本和立体折页吸引孩子的注意力，当孩子阅读书籍时，折页会慢慢地展开，立体的画面就散发着神奇的魔力，令孩子爱不释手。折页是童书内页设计中常见的形式，有些设计者会在内页中暗藏着一个或多个折页，孩子们打开每页书籍时都会有意想不到的视觉效果与审美体验。立体的内页设计是极具创意的，它通过复杂的制作手法和精心的布置设计，使得原本平面的图文一下跃然纸上，形成立体的效果。立体内页的这种形式丰富了书籍形态也更加逼真地展现了书籍的情节与内容，比平面图画书更能培养幼儿对书的亲切感，还能满足儿童动手探索的需求，有利于孩子从小养成爱书看书的习惯。

图 5-45　立体书设计

图 5-46　立体书设计

如图 5-47 所示是 Grimm's Fairy Tales 格林童话书籍，封面图像冷色调为主，文字采用横式编排方式，并使用醒目的橙、黄色渐变色填充文字，与背景小女孩的小红帽呼应，整个版面利用冷暖色的对比烘托神秘的气氛，揭示主题。如图 5-48 所示是 THE PANDA RABBIT 故事书，我们首先会被美丽的封面吸引，设计师紧紧抓住儿童的色彩心理，把丰富多彩的画面布置得恰到好处，标题文字用白色写在封面底部格外突出。

图 5-47　外文书籍设计

图 5-48　外文书籍设计

如图 5-49 所示是《I Wonder Why》儿童科谱科学探索十万个为什么，是少儿的科技类系列书籍，每本书籍封面都有一个独立的色调，封面采用图文结合的方式。如图 5-50 所示是几米画册，封面使用出血图的样式编排，增加版面的视觉张力和艺术感，提升了整体的设计。文字设计层级清晰，通过文字的字号大小编排引导人们阅读信息的先后顺序。

图 5-49　儿童科谱书籍

图 5-50　几米画册

如图 5-51 所示是一本关于猫的故事书，书籍整体使用单色绘制了一只可爱的猫，封面有猫的脸部和几行文字，封底只有猫的尾巴，设计简洁、生动。如图 5-52 所示是匈牙利语字母表儿童插画书籍，小猫图像采用退底图的形式，如同读者身临其境的感觉。视点集中，版式简洁明了，剪纸平面化的造型适合儿童阅读。

图 5-51　外文书籍设计

图 5-52　外文书籍设计

画册、设计类书籍常用 12 开、24 开等，便于安排图片，常选用书籍中具有代表性的图画再配以文字的设计手法排版。文化类书籍在设计时，多采用与文章表达情感相符合的图片作为封面的主要图形，文字的字体也较为庄重，多用黑体或宋体；整体色彩的纯度和明度较低，视觉效果沉稳，以反映深厚的文化特色。儿童类书籍形式较为活泼，在设计时多采用可爱的儿童插图作为主要图形，再配以活泼稚拙的文字，来构成书籍封面。工具类图书一般经常使用，内容丰富，书籍比较厚，因此在设计时多用硬书皮；封面图文设计较为严谨、工整，有较强的秩序感。综上所述，所有优秀的书籍设计必须根据图书的题材、风格，再加上设计师对文化的理解与品味。

5.5　案例分析

5.5.1　flatmates handbook（合租指南）画册设计分析

如图 5-53 所示是 flatmates handbook（合租指南）画册设计，它是通过编排手绘速写艺术形象设计的形式来反映书籍的内容。在当今琳琅满目的书海中，书籍的封面起着至关重要的作用，像一个推销员，它的好坏在一定程度上将会直接影响人们的购买欲。图形、色彩和文字是封面设计的三要素。设计者就是根据书的不同性质、用途和读者对象，把这三者有机地结合起来，从而表现出书籍的丰富内涵，并以一种传递信息为目的和一种美感的形式呈现给读者。整个书籍封面、书脊、封底使用厚纸板做成，

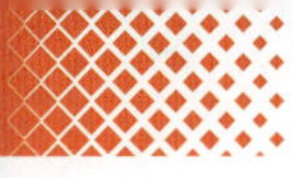

并且都用了黄色，黄色是三原色之一，它有大自然、阳光、春天的涵义，给人轻快、充满希望和活力的感觉，同时它又是一个高可见的色彩，常被用于健康和安全设备以及危险信号中，这个色彩非常醒目，可是位于白色背景中的黄色看起来非常吃力，所以画册图像都是用黑色线条绘制，画册内页同样使用黄色与封面呼应。画册整体按照手绘手账风格设计，封面采用图文结合的方式，内页大量使用了手绘、真实照片图像和手写文字，图文编排个性化、疏密得当、秩序中有变化，富有层次感。不同的字体会给读者带来不同的感情色彩，在视觉上能够深化信息的传达，彰显个性，增加平面现代感。书籍不仅是商品它还是一种文化，本书重点强调体验与交流，轻松、随意的线条与文字都会给读者带来身临其境的感觉，体现了书籍的内涵，设计师通过书的形式设计了一种新的阅读方式和视觉模式。

图 5-53　flatmates handbook（合租指南）画册设计

5.5.2　《好绘本如何好》画册设计分析

《好绘本如何好》（如图 5-54 所示）是郝广才执笔的一本艺术评论书籍，书籍内容上更多地以绘本创作者的视角进行分析。在这个资讯信息飞速发达的今天，讯息传达的时间被大量压缩，图像符号的影响力越来越大，“读图时代”似乎已悄悄降临。这本书让想做绘本的人，更加清楚绘本创作的脉络和方向；让喜爱绘本的读者，重新阅读绘本的另外一个层次；让重视孩子的父母、老师们，更了解如何选择好的绘本来引导孩子的眼睛。书籍版面选用了大量绘本封面作为背景，中间红红的本子好似一个大苹果。一般图画总是比文字先映入眼帘，但是这本书的标题文字却比背景突出，源于大块高纯度单一的红色衬托白色的文字。封面文字大小、粗细、颜色的变化已经远远超出了传递信息的单一功能，还增加了画面的层次，因此好的设计一定是注意了文字的编排。设计师将版面设计成书中书的感觉，编排疏密对比强烈，设计构思巧妙。封面预示每一个对绘本好奇的人，都能透过本书建立完整的绘本观，

寻找新的可能性，发挥创意思考和无限想象。

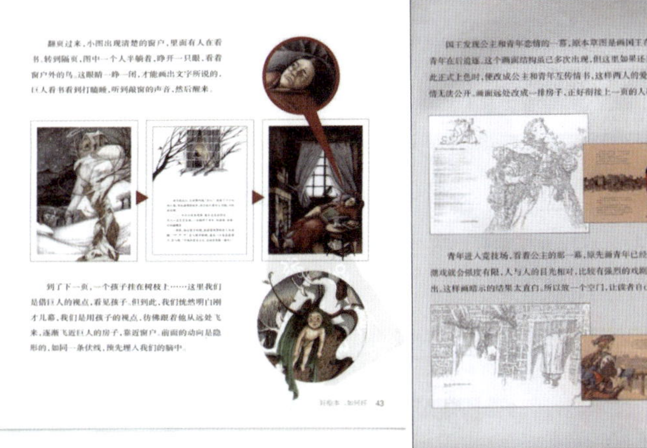

图 5-54　郝广才执笔《好绘本如何好》

5.5.3　Window Farms 信息书籍分析

加拿大设计师 Lu Jiani 设计了这本 Window Farms 信息书籍，如图 5-55 所示，这本手册做为一个指导手册分五章，书籍用图表、手绘插图和文字信息结合的方式说了关于农场的各类事。色彩选择浅蓝色为基调，不同深浅色的搭配，使信息内容层次分明。版式设计变化丰富，很值得一看。内附的折页还可以全部展开，为读者提供详细内容。整个展现了设计师对书籍设计的风格，具有很强的功能性与欣赏性。

图 5-55　加拿大设计师 Lu Jiani 设计《Window Farms》

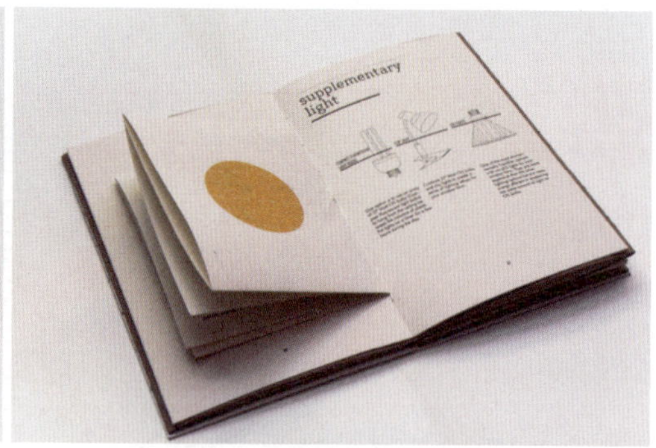

图 5-55　加拿大设计师 Lu Jiani 设计《Window Farms》（续）

5.6　作品点评

苍井优写真画册（如图 5-56 所示），是一本极富趣味和创意的写真集，设计师选择人物的头像特写作为书籍封面的创意并不稀奇，但是整本书的切口剪裁成人物侧脸的形状却是设计亮点，即将异型书这种常常用在儿童书籍的设计用到明星的写真集中也是设计师新的尝试。内页设计中图文互相衬托，人物形象存在的位置都是设计师精心布置的，整个版面都选择鲜艳明快的色彩，有的页面以线为主，有的以块面为主，点线面变化丰富有很强的层次感。内页设计在二维的基础上运用了三维立体纸雕、书签等形式，既富于变化又具有整体感，从独特的视角表现符合年轻读者的审美趣味，设计风格轻松愉悦，每翻一页都会有惊喜，能够看出设计师在书籍中花了大量的心思。

图 5-56　苍井优写真画册

图 5-56　苍井优写真画册（续）

如图 5-57 所示是来自波兰设计机构 3group 为出版社所设计的“Dobosz”，在 2012 年欧洲设计奖中获得书籍类银奖。Dobosz 是一本 480 页的精装书，开本为 165×225×40mm，这本书的设计精妙之处在于把目录直接置于书脊，即使在海量书架中寻找所需要的内容也是相当便捷的，书中还有具有目录分类作用的丝带。虽然这是一本摄影图书，但是封面并没有图像，只有标题几个大大的英文字母横向排列在封面顶部。封底采用图片为主，几个英文字母穿插其中，黑白为基调，风格简约。内页的文字与图像版式设计变化丰富，使读者在视觉上得到愉悦与享受。

图 5-57　外文画册设计

韩版《小红帽的故事》如图 5-58 所示，本书的读者群是天真活泼的儿童，设计师使用鲜明、强烈、张扬、艳丽的色彩，因为这些色彩具有极强的视觉冲击力和感染力，在画中我们可看到大量的原色和纯色，如封面高纯度红色背景、红人、红帽与绿色草地还有少量的黄色直接对比，这些极其亮丽的颜色不容易协调，要解决这个问题，需要加入相对较暗的颜色，用这种暗灰统一画面，大灰狼的颜色就起到这个作用。儿童固然喜爱鲜艳的色彩，但他们注意力短暂，很容易视觉疲劳，设计师更要注意在装帧设计中运用中性色。书籍封面特大标题字迹清晰形成强烈的平面效果，孩子们很容易辨识，同时与图案色彩搭配和谐。色彩是封面设计中不可缺少的要素之一，不同的色相及其搭配，都可以成为表达书籍内容有力的手段。装帧设计者为了充分调动儿童的视觉和想象，把孩子们的审美体验推向高潮，在封面、内页、书脊等地方插入生动可爱的形象。本书整体色彩绚丽、形象设定可爱，视觉效果突出，能够唤起儿童的好奇心，符合购买目标的消费心理。设计者的情感表达是通过了解儿童心理、生理的特点，结合书籍的开本、封面、内页、插图、材料等元素来完成整体设计，儿童通过这些元素预知书籍的内容，体会到设计者的情感，或者喜悦或者忧伤，两者产生共鸣。将书籍作者的感情与自己的感情完美地融入装帧设计，并以儿童能理解的形式表现出来才是一个优秀的书籍装帧设计者。

图 5-58　韩版绘本设计

5.7　课后练习

根据所学的书籍设计知识，设计一本杂志的封面与内页。掌握文字与图片结合的技巧，要求封面主题突出、色彩搭配和谐统一，能够体现杂志风格与内涵。内页设计几组不同版式，体会图片与文字在内页设计与封面设计中的区别。如图 5-59 至图 5-61 所示。

图 5-59　杂志封面设计

图 5-60　杂志封面设计

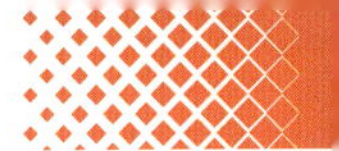

图 5-61　杂志内页设计

第 6 章 书籍设计流程

6.1 书籍设计程序

书籍的产生过程是一个生态的过程，是通过策划→寻找适合的作者→视觉设计→印刷装订→促销→完成销售→阅读等一系列动作的完成，才有了真正意义上的书籍。在以上的流程中，书籍的视觉设计是一个立体的、多侧面的、多层次的、多因素的系统工程，是设计者的责任。设计师是书籍立体形象的创造者，书籍的视觉设计是一个承上启下的重要环节。

6.1.1 调查分析

当我们接手一个书籍设计的任务后，不能急于马上投入到设计当中，而应当事先对书籍进行调查分析，明确手中的设计内容。这是书籍设计必要的前期准备。

1. 交流归纳

设计者在前期准备过程中要与作者、责任编辑进行充分的交流沟通，从多个侧面互通对这本书的看法，尽可能多地获取以下信息：书名的来源、书稿的内容、书稿的特色、创作的原因、创作的背景、写作过程等。在此基础上，归纳书籍的主题思想，并了解书籍设计的内容，包括图片、文字、符号等元素，以期确定设计的形式，包括书籍整体的风格、色调、工艺等。设计者在聆听编辑或作者讲述书稿内容时，信息量较大，且涉及内容广泛，设计者要善于把握内容的主线，并捕捉重要的闪光点，作为书籍形态设计的依据。在交流中，设计者要尽可能通过一些主要问题引导作者或编辑更清晰、明确地阐述该书的特色，以便于寻求视觉表现的切入点。同时，有必要进行一定的市场调研，了解同类型书籍的设计，吸取有益的营养，尤其是构成与形式感。如图 6-1 所示。

2. 阅读书籍

书的内容是书籍装帧设计信息的来源。好的设计应该先全方位地探讨书稿的内容，和书稿直接“对话”，在通读中找到大的背景，确定设计的基调，找到最具代表性的信息符号，为以后的书籍装帧设计积累信息元素。因此，设计者应在与作者、编辑沟通思想的基础上审读书的内容，提炼书稿的主题思想，体会其精神内涵，并融入设计师的情感，为书籍设计确立风格定位提供精神积淀。

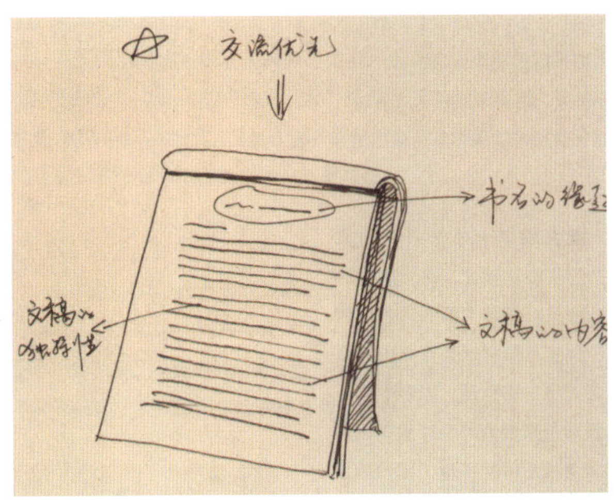

图 6-1　交流归纳，把握信息

6.1.2　素材准备

1. 确定设计风格

如图 6-2 至图 6-4 所示，对书籍设计而言，书籍的风格是指书籍在平面、立体以及动态角度所体现出的总体的视觉特征，这种特征往往是个人、群体、民族甚至是整个时代审美观点的集中体现。作为现代书籍设计的综合性目标，清晰的视觉风格有利于读者建立书籍的内容和形式之间的明确联系，形成对于书籍整体的视觉感受，为书籍带来更多的附属价值。设计师通过前期的交流归纳和阅读书稿，掌握了文稿信息的广度和深度，使主题更加逻辑化、条理化、清晰化，从而根据书籍内容有针对性地合理地选择符合其总体视觉特征的设计形式与风格，并确定装帧设计的档次（为简装本、平装本、精装本还是豪华精装本），以及开本、印张页数、用纸和印刷工艺。《Good ideas glow in the dark》这本书设计风格独特，仿佛是在夜色中闪现的霓虹灯，打破了传统形式的书籍形式，如图 6-2 所示。如图 6-3 所示为民族风格丛书设计，每册书的封面与封底共同构成京剧脸谱、折扇等中国元素的一个整体图案，民族气息浓郁。如图 6-4 所示，欧式古典的花边字、烫金的文字与版心中央的古典金色器物相呼应，体现出浓厚的时代风格。

图 6-2　《Good ideas glow in the dark》书籍设计

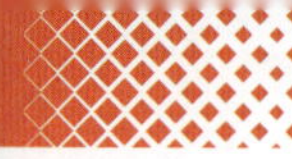

图 6-2 《Good ideas glow in the dark》书籍设计（续）

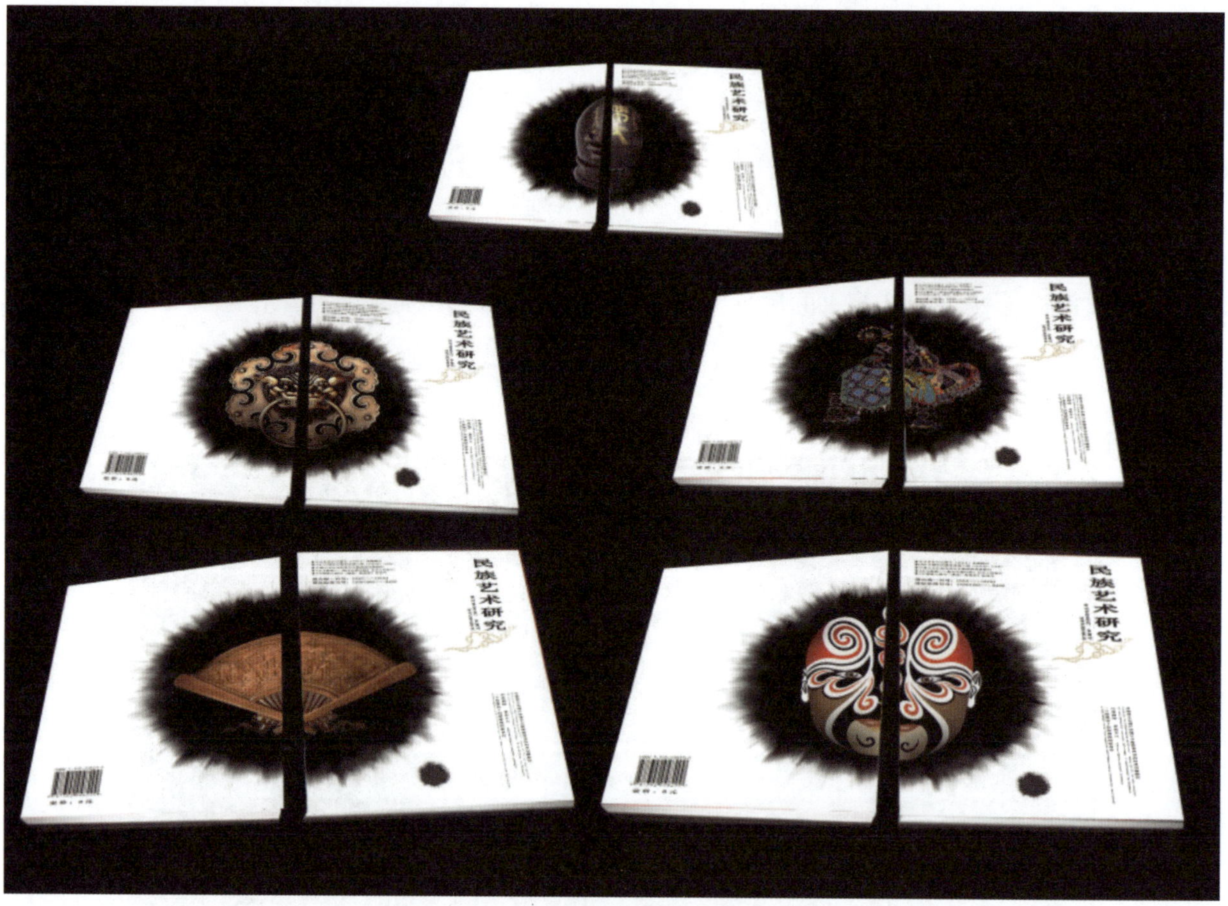

图 6-3 具有民族风格的书籍设计

图 6-4　具有时代风格的书籍设计

2. 收集素材

收集相关素材是设计者开始设计的第一步，这是一个需要花费大量时间的过程。设计者除了要翻阅、查找很多资料，还要拼命思考，所以收集素材的过程实际上就是作者构思的过程，这个过程是实现最终设计的关键一步，通过素材的收集，设计者的思维渐渐从混沌走向清晰。《奇境》的书籍风格为中国味道很浓，选取了祥云、荷花、书法、印章等中国式的元素及符号，透露出古典的气质。如图 6-5 所示。

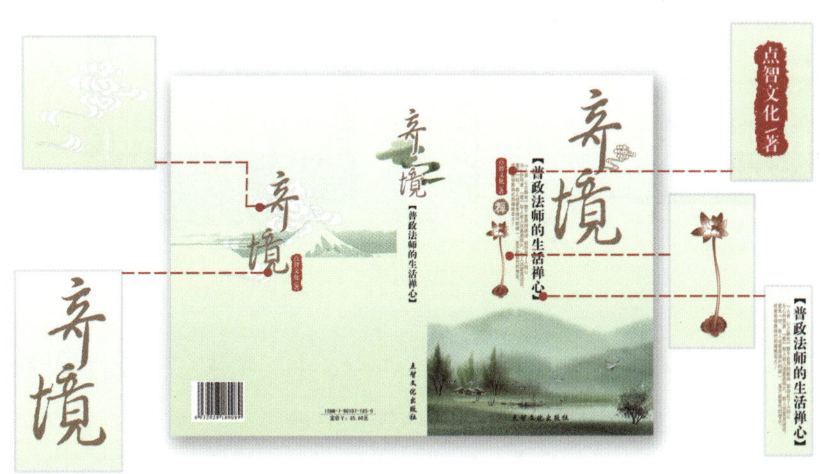

图 6-5　收集素材示意图

素材的搜集与积累要求把握统一的调子和格式，在收集设计素材的过程中，要围绕书的主题准备有关的插图、摄影、图形资料等。有的由作者提供，有的需要组织聘请美术、摄影作者完成。如果从其他途径（因特网和图书资料）获取，需有知识产权意识，遵守有关法规。

6.1.3　构思设计

立意构思，从意念的产生到意象的转换是一个艺术抽象的过程。立意就是确立精神形象，随之寻找书的精神内涵与视觉造型形式美感的共存体，再用恰当的艺术手段表现出来。如图 6-6 至图 6-9 所示。

图 6-6 《偷影子的人》草图

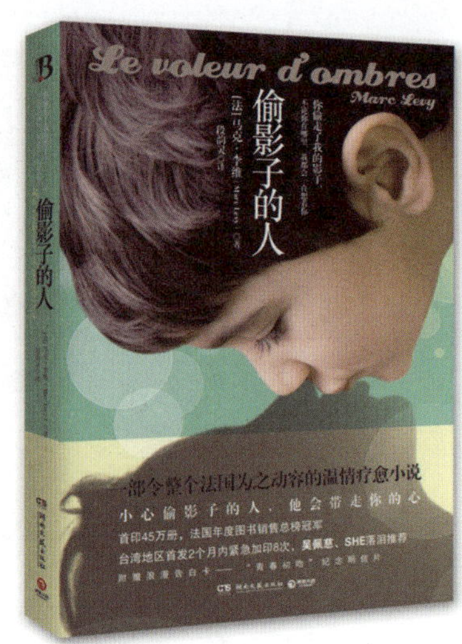

图 6-7 《偷影子的人》设计成品

图 6-8 《爱情没那么美好》草图

图 6-9 《爱情没那么美好》设计成品

在这一环节，设计者需要确定封面所用的字体、字号、书写字体与创意字体，以服从整体设计要求为原则。文稿正文用 10.5P（或 9P）宋体字或等线体字统排，篇、章、节及大小标题用大于或等于正文字号的变体印刷字体（字体选择要规范、恰当）排出。根据整体页数安排环衬（有时用艺术纸不计算页数）、扉页、序、目录、正文、插图、后记、参考书目等的页面文字配置，正文要根据视觉心理、科学导读原理进行隔断，篇、章均应安排在页首，最好是单页码始。用 A4 纸折叠成书本小样，每叠成一帖（16 开本 16 页，32 开本 32 页，8 开本 8 页，12 开本 12 页，24 开本 24 页），根据总页数叠成所需要的帖数。

6.1.4 草稿方案

设计师在相关素材收集和构思设计完成之后，筛选出最能够表达自己和作者意图的素材，进行大致的规划整理，并根据风格定位和书籍装帧整体构思，运用编排规律及形式美法则在以上空白纸帖中作草稿。这样，封面、环衬、扉页、序、目录、正文、插图、后记、参考书目等位置一目了然，被隔断的正文和图文与页数的配置、安排也就胸有成竹。因为书页是打开阅读的，故设计时要考虑到订口之外的三面均有切口，出血的图片要留有 0.3cm 被切掉的余地，封面、封底与书脊的四周边要留有比成品尺寸各边大 0.3cm 的裁切误差尺寸（俗称“毛尺寸”），以保证书籍装订裁切后，不会出现露“白边”的现象。最后考虑安排页码，便于在目录页中标注。在勾画草图时，由于各信息元素还不确定，不需要表达得太具体，如作者名、出版社名称可用色块表示等。如图 6-10、6-11 所示。

图 6-10　草稿勾画

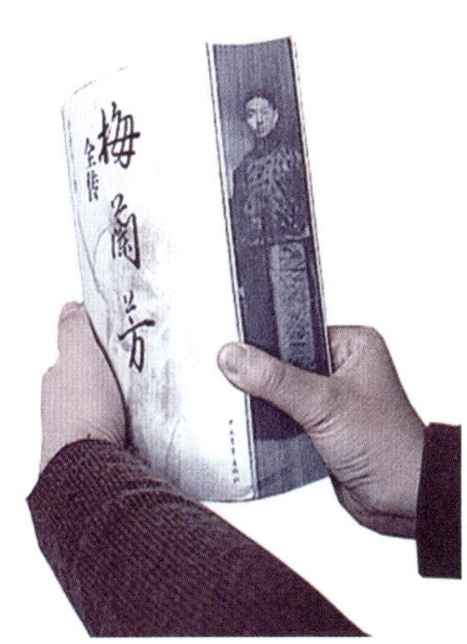
图 6-11　书籍成品

勾画草稿是设计师完成书籍设计的必经阶段，也是设计师的感性创造阶段，更是设计者将意象转化成具象的过程。通过大量的草稿，设计师最初的创意跃然纸上。而勾画草稿的作用，一是放松，调动设计者所有的视觉经验，释放出奇异的设计思维火花；二是加深设计者对符合书籍内容素材的图形的认识，寻找图形素材之间的有效结合；三是勾画出大量草稿，为正式的设计方案提供多种选择可能。

6.1.5　电脑制作

1. 电脑辅助设计

在草稿阶段完成以后，可以选择 2~3 个设计草案来进行实际制作阶段，这个阶段通常运用电脑来辅助设计。目前，常用的平面设计软件有：Photoshop、PageMaker、IIlustrator、CorelDRAW、FreeHand 等。要使用电脑制作，设计者必须对设计软件有基本认识，对所用软件的功能特点掌握后才能灵活地完成自己的创意表达。

电脑制作在一定程度上弥补了手工制作的不足，开拓了设计者的想象力。但电脑终究只是一种辅助工具，当电脑设计不能很好地表达创意时，可通过手工制作与电脑设计相结合的方法，最大程度地体现出设计者的创作意图。

2. 常用软件推荐

电脑平面设计所使用的软件可分为三大类，即图形设计软件、图像设计软件和排版设计软件。下面主要针对书籍设计中常用的几个平面设计软件作一介绍。

（1）Adobe Photoshop

在设计界使用最广的图像平面设计软件是美国 Adobe 公司出品的 Photoshop。它因其强大的图像处理功能、绘画功能和网页动画制作功能，以及集多种绘图、调整、修饰和特殊效果工具于一体而成为图像处理领域的首选软件。如图 6-12 所示。

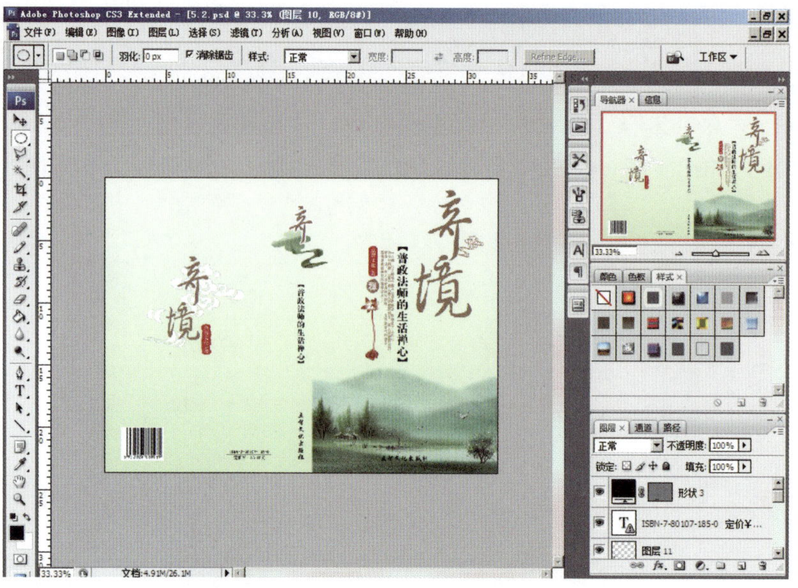

图 6-12　用 Photoshop 进行书籍设计

Photoshop 最早主要应用于图片的编辑处理，相当于一个功能全面的电子暗室，设计师可以使用系统提供的图像处理功能调整图像的曝光度、色彩的色相饱和度，调整色阶曲线等控制点和图像的动态范围，使所制作的图片更加逼真、完美。可以对图像文件进行剪裁、拼接、合成，还可以使用多达近百个特殊滤镜效果制作各种电脑图像特技效果，包括图像的锐化、柔化、风格化、自然材质效果等。如今，Photoshop 已发展到动画制作、Web 图像应用、影像输出以及外挂程序的跨行业应用等多种商业领域。

（2）CorelDRAW

CorelDRAW（如图 6-13 所示）是加拿大 Corel 公司最早针对 PC 机开发的基于 Windows 的著名图形专业设计软件，虽然它也具有图像和排版设计功能，但它一直以处理矢量图形而闻名全球，曾在国际上赢得了 270 多项一流的大奖。这个图形工具给设计师提供了矢量动画、页面设计、网站制作、位图编辑和网页动画等多种功能。它集设计、绘画、制作、编辑、合成和高品质输出于一体，适用于封面设计、插图、卡通画、海报、广告宣传画、排版设计、包装设计、网页设计及 CI、VI 设计等。

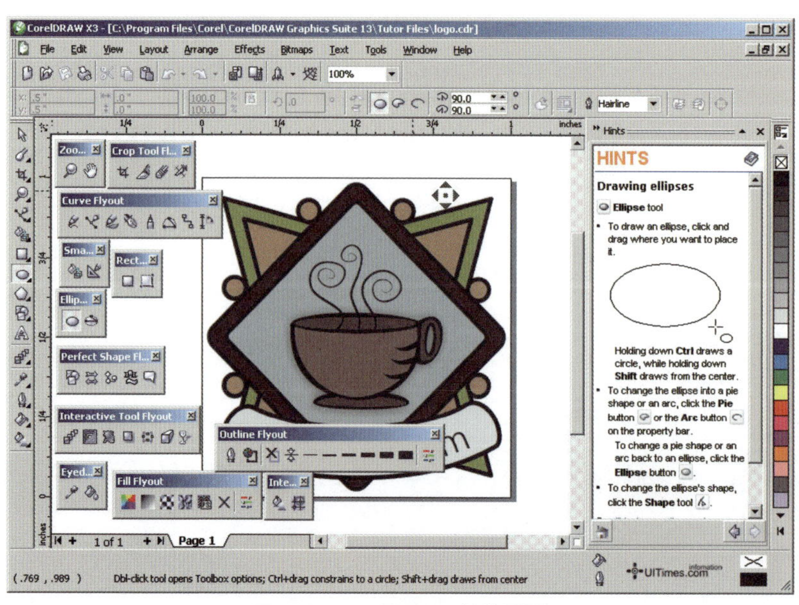

图 6-13　CorelDRAW 操作界面

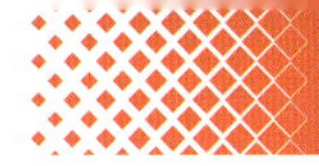

（3）Illustrator

Illustrator 是美国 Adobe 公司最早为苹果电脑（Macintosh）推出的矢量图形设计软件，一直是世界标准的矢量图形设计工具，具有文字输入、编排和图形图表的设计制作等强大功能。在广告设计、标志设计、产品包装、Web 图形设计、字形处理、专业绘画、工程绘图等方面，提供了无限的创意空间，是广大平面设计师在苹果电脑设计系统中使用得最多的图形设计软件之一。

（4）FreeHand

FreeHand 是美国 Macromedia 公司 1987 年为苹果电脑（Macintosh）推出的矢量图形设计软件，经过二十多年不断地改进升级，一直深受广大平面设计师，特别是广大 Macintosh 用户的欢迎。

（5）PageMaker

PageMaker 是美国 Adobe 公司开发的世界上第一套专业桌面出版印刷系统的排版软件，也是目前全世界范围内应用最为广泛的平面设计排版软件，它将图文处理与排版功能集于一体，能够将文字、表格、图形和图像混合在一个直观的环境中进行编排。由于它功能强大、使用方便而迅速被推广到全世界的平面设计排版和印刷领域，受到业内人士的普遍好评。我国绝大多数广告设计公司和专业的印刷输出中心，主要采用 PageMaker 进行排版设计和输出，如编排制作广告宣传册、各种类型的书籍、画报、杂志等。随着 PageMaker 版本的不断升级，新的功能也在不断增加，使它由过去的印刷桌面出版领域扩展到了电子出版领域。使用 PageMaker 的导出和链接功能，可以将带有超链接热点的出版物生成为 PDF 格式文档，或导出成 HTML 文件，从而实现电子出版。

3. 审查选定方案

正稿设计完成后，可打印一套供审读，经校对和出版社“三审制”审读后，修改定稿。如图 6-14 至图 6-16 所示，在最终设计方案的选定之后和制版打样之前的重要环节是对书籍进行精心核查的阶段，以确保书籍的准确性。

在修正时，设计者要核实以下问题，避免不必要的麻烦：

（1）核实开本有无变化；

（2）核实是精装本还是平装本；

（3）核实书名、丛书名、作者名等有无变动；

（4）核实内文页码，以计算书脊的厚度；

（5）核实内文用纸的克数，以计算书脊的厚度；

（6）核实正式出版的时间。

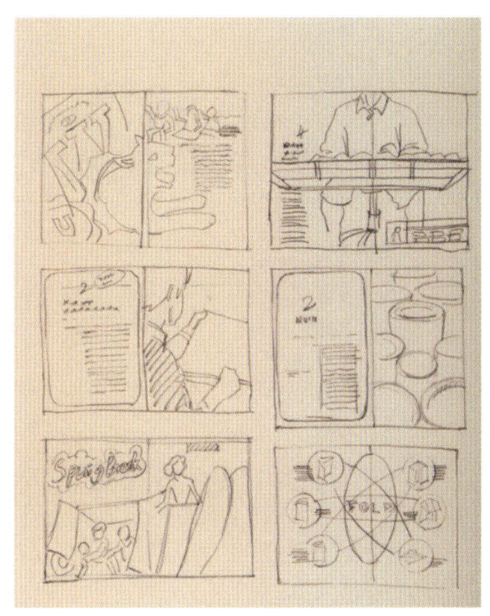

图 6-14　书籍设计草稿方案

图 6-15　书籍设计草稿方案

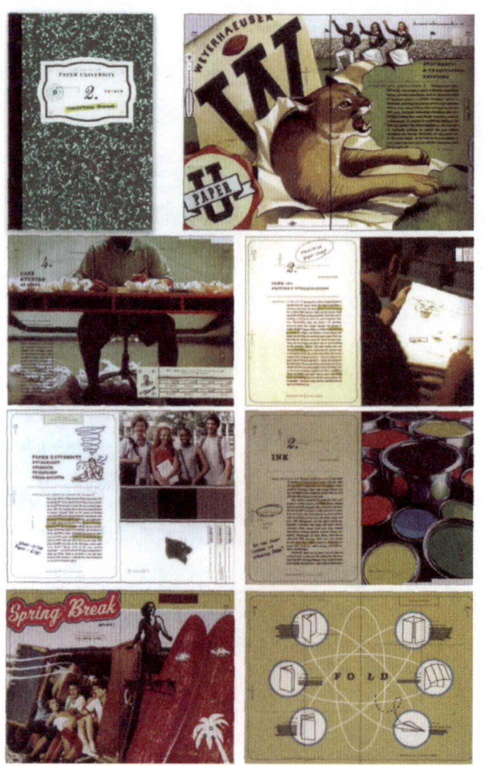

图 6-16　书籍设计印刷成品

6.1.6　印刷交付成品

1. 出片打样

印刷前的制版打样是验证设计作品最后视觉效果的重要过程。在发稿、出菲林以后仍需仔细检查校对，及时更正误差，以保证书籍的品质。防止因有时电脑出现“乱码”现象，以致打印与菲林不符的情况，造成严重后果。在这个环节中，应注意以下问题：

（1）对设计作品中的所有文字要按设计通知单再重新核校一遍，做到准确无误；

（2）检查视觉效果是否完美；

（3）检查各种颜色之间套版是否准确；

（4）检查图形色彩还原如何，是否偏色；

（5）检查有没有残缺字体；

（6）检查纸与墨是否完美相融。

2. 确定成品稿件

最后的校样经设计者、责任编辑首肯并签署意见后，交印刷厂付印、装订、成书，由发行部门送发图书市场。

6.2　书籍设计师应具备的素养

一本书的成功，包含了作者的智慧，也体现了设计师的灵感和才华。这种完美的结合，塑造了优秀书籍的外表和“心灵”。在书籍从书稿向书的转变过程中，设计师充分发挥了桥梁、纽带作用。因为设计师不仅是将书稿编排整理变成印刷文字的中间环节，也是从无形状态的内容到有形的立体产品的中间环节；既是书籍的形象设计师，也是书籍形态的工程师，把印前的编辑制作到印后的加工装订连成一个整体。

那么，一名成功的书籍设计师应该具备哪些素养呢？

（1）书籍设计师应具备作为一名平面设计师的基本素质，即扎实的美术功底、强烈敏锐的感觉能力、发明创新的能力、对作品的美学鉴定能力、对设计构想的表达能力、全面的专业知识能力。现代社会的飞速发展要求平面设计师必须具有宽广的文化视角、深邃的智慧、丰富的知识和勇敢的创新精神，力求设计作品能够着眼于社会效果，反映时代特征，同时提高人们的审美能力，满足人们的心理需求。因此，一名优秀的设计师在设计作品中应当有“自己”的手法、清晰的形象、合乎逻辑的观点。

（2）书籍设计师应具备统领全局，准确把握书籍风格定位的能力。如果说作者更善于通过写书来体现自己的话，那么，设计师所要做的是更好地体现书籍本身——把作者、书稿内容、书籍形式完美地统一起来。从这层意义上来说，设计师要具备的不仅是单纯表现形式的能力，更要有统领全局，把握书籍整体风格的气度。能够全面的构思整本书，包括怎样从内容出发而有更好的表达形式，怎样把文字中的精神转变成可视可感的元素呈现在读者面前，怎样安排这个设计过程，怎样和责任编辑共同完成整本书的编辑和成书工作，怎样把整体的思路与风格贯穿到书中每个细节以及印刷、装订之后应该有怎样的效果等等。可以说，书籍设计并不是一本书的全部，但作为设计师，你不得不考虑这本书的全部，这也正是整体设计的第一步。

（3）优秀的书籍设计师要有深厚的生活积淀和专业积累。所谓“厚积薄发”，要想成为一名优秀的书籍设计师，并非一朝一夕所能做到，要依靠平时多方面的艺术修养的提升和设计专业知识的积累，特别需要经常有意识地留心观察生活，提高审美情趣，观察身边各种成功或失败的书籍设计案例，并从中总结成功的经验和失败的教训。总之，作为一个书籍设计师，要多看、多问、多思考，总结经验，反复推敲，方能实现书籍设计能力的有效提高。

（4）书籍设计师应具备一定的文学修养。与其他平面设计师相比，书籍设计师接触文字的机会较多，况且有人曾说过，文学即人学。有良好的文学修养的设计师，一方面能够快速准确地把握文本信息和作品风格，生成生动形象的设计元素，另一方面，书籍设计师只有对人学认识深刻，才能够设计出更适合人需要和阅读的视觉符号，既在视觉上愉悦读者心理，更在文本的基础上提高了书籍的可读性。

（5）书籍设计师应广泛涉猎不同领域的知识，在实践中不断学习提高。好的书籍设计并不只是图形的创作，它是综合了许多智力劳动的结果，涉猎不同的领域，担当不同的角色，可以不断拓宽我们的视野，使书籍设计中带有更多与内容相关的信息和符号。触类旁通是做好书籍设计的重要一步，文化与智慧的不断补给是成为设计界长青树的法宝。

（6）一个优秀的书籍设计师应随时关注读者的需求及其变化，并通过周详严谨的读者调查反馈做出科学的预测。有针对性地分析读者群体的阅读心理，如不同读者群体的性别、年龄、文化水平、职业及居住环境等因素，从而设计出形态各异、形式丰富的书籍设计作品，以适应不同读者群的阅读心理，使之乐于接受。

另外，要想成为一名成功的书籍设计师，必须热爱这个行业，具有敬业精神。当你手捧自己设计的成书时，那种发自内心的成就感和释然，会让你充分享受紧张工作后的悠然自得，同时又满怀期待，期待书籍在读者的手中实现它的价值。

如图 6-17 所示为中国著名书籍设计师吕敬人，他曾说过：设计是一种思维活动，一个不善思考的设计师是做不出有深度的作品的。如图 6-18、图 6-19 所示为吕敬人书籍装帧代表作品《书戏》。日本著名书籍设计师杉浦康平先生曾对我有这样的教诲，作为一个书籍设计师应具备三个条件：一是好奇心，是一种强烈的求知欲；二是要有较强的理解力，即有较丰厚的知识积累，善于分解、梳理、消化、提炼并会利用到设计中去；三是跳跃性的思维，即异他性及出人意表的思维与创意。

图 6-17　中国著名书籍设计师 吕敬人

图 6-18　吕敬人书籍设计作品《书戏》

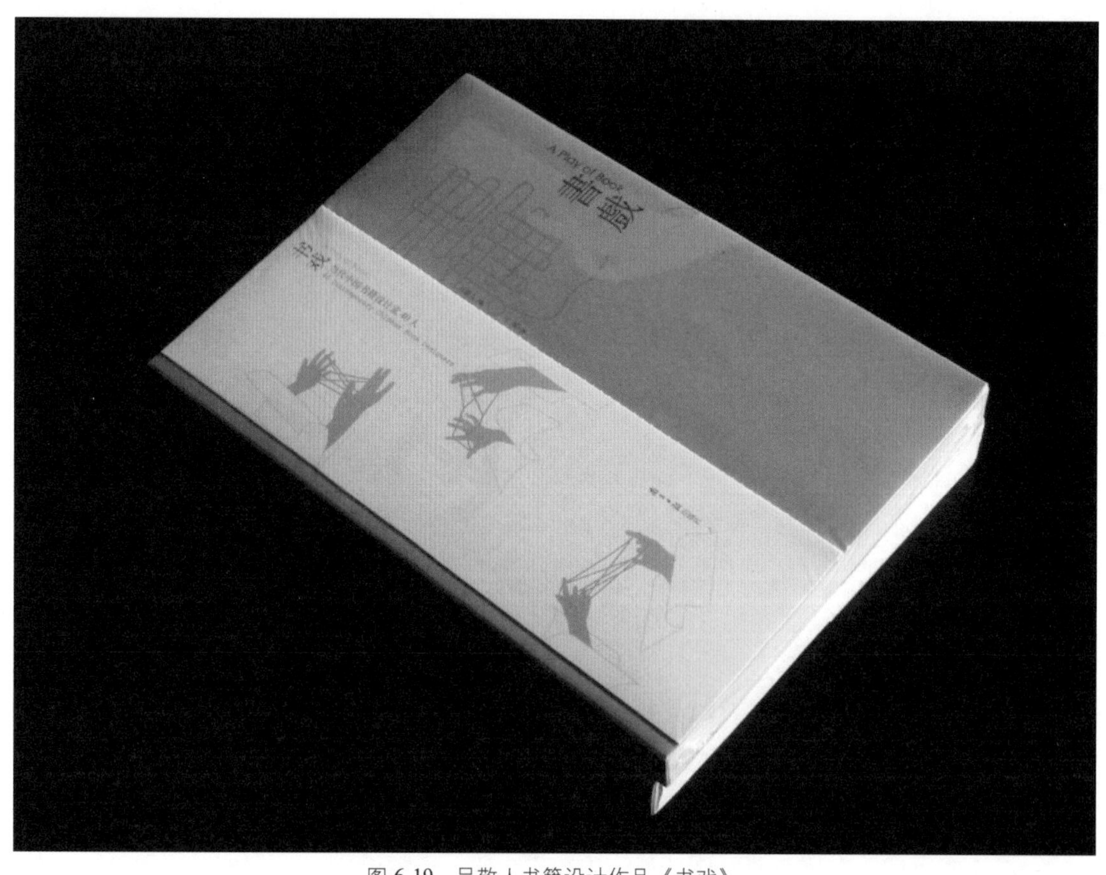

图 6-19　吕敬人书籍设计作品《书戏》

6.3　案例分析

6.3.1　《说什么怎么说》书籍设计分析

如图 6-20 所示是《说什么怎么说》的书籍装帧设计，设计者是符晓笛、龙丹彤，该书曾荣获“中国最美的书”称号。这本书在设计上的最大亮点是有一个口袋，口袋不大，但是作为书的一部分，经过了很多处理，尤其是口袋的最上缘。因为说话是靠“口”说的，袋口的前面是说什么，后面是答案：怎么说，一个是黑底的，在黑底上摆白线，一个是白底的，在白底上摆黑线，这个细节对于这样一本小书，产生了强烈的视觉效果。整本书用比较严肃的黑色线体字，加之书的主题是关于语言表达的内容，整体的表现有种刚直威严的视觉效果。在编排上是理性大于感性的，把文本的氛围也完全烘托出来。

图 6-20　《说什么怎么说》装帧设计

6.3.2　《美丽的京剧》书籍设计分析

《美丽的京剧》的作者是著名戏剧家吴祖光与著名评剧艺术家新凤霞的长子吴钢，书籍设计者是吕敬人。本书采用了大量人物在舞台上的摄影图片，这就是本书的亮点所在。对于这本书的价值，作者得先天之利，无论是旁人没有可能亲历的历史机会，还是当时最高档的设备，都成为摄影技巧和戏曲艺术欣赏之外更为独特的因素。

按生旦净末丑五个行当进行分类，构图上兼顾演员特写和演出场面。书中所有照片都是作者 30 年来拍摄的精华作品，突出老演员和已故的名演员，加上一些名演员、名剧目的演出背景介绍以及照片背后感人的故事。全面再现戏曲名家的舞台演出，记录当时珍贵场景。另外加上以独特的摄影艺术表现手法，把舞台上的表演升华、再现到摄影作品之中。作品动静结合，表现演员的情绪和表演力度、速度，被曹禺大师誉为流动着音乐的美。

相对于其他书的长篇大论文字，这本书的字极少，像是一本画册，一本拍摄了30年的画册，所以很有份量。如图6-21至图6-25所示。

图6-21 《美丽的京剧》封面设计

图6-22 《美丽的京剧》内页设计

图6-23 《美丽的京剧》内页设计

图 6-24　《美丽的京剧》内页设计

图 6-25　《美丽的京剧》内页设计

6.3.3　《灵韵天成 / 蕴芳涵香》书籍装帧设计

《灵韵天成 / 蕴芳涵香》如图 6-26 所示，这本书的设计者是吕敬人、杜晓燕，用的是传统线装书的表达方式，优雅而恬静。两本书对应两个不同的茶系，一个是乌龙茶，一个是绿茶。不同的茶会给我们不同感受，或绵延醇厚或清爽回甘，茶汤的颜色也有所区别，而恰恰这两本书封面的颜色选取提炼出乌龙茶的琥珀色，绿茶的淡淡湖水绿色。从外包装上看，两本书穿线的方式有所区别，一个是上简下繁，一个是上繁下简。看似不经意的设计，其实十分注重封面结构的严密斟酌，分篇、分章、分节注意节奏的变化和理性的逻辑排列，不同纸张承载不同的信息并表达出有层次的内容分配。设计者巧妙地引导读者品出个中意蕴。

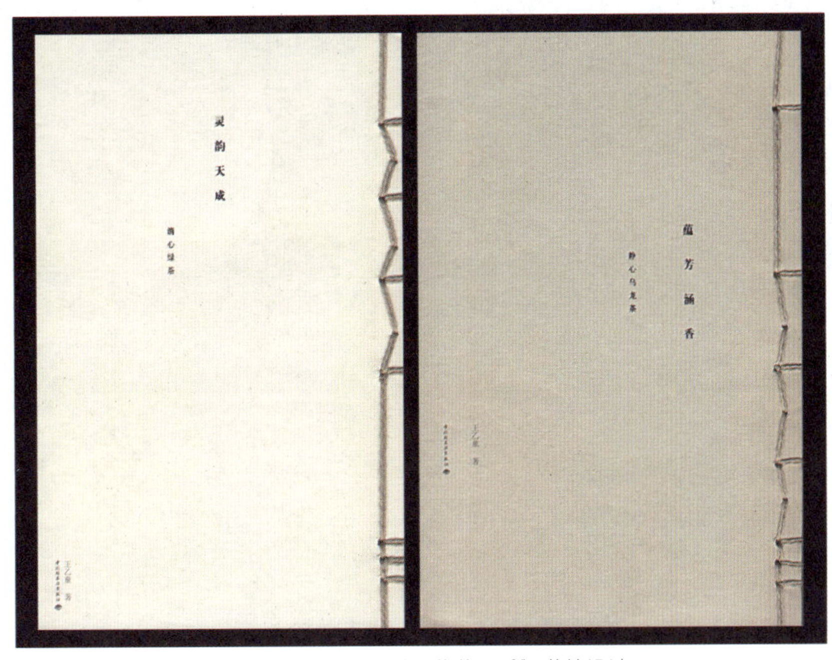

图 6-26　《灵韵天成 / 蕴芳涵香》装帧设计

6.4 作品点评

作品《月》如图 6-27 至图 6-30 所示，由一个盒子、一本书、一个光碟套三部分组成，由 80 后新生代设计师、《爱丽丝》杂志主编 Hansey 装帧设计。内容包括中篇小说、CD 和摄影集，其中包含了闫月作曲并演奏的四首钢琴作品、安妮宝贝的小说，以及 Hansey 多年来的摄影作品，但它并不是音乐、文字、摄影的简单拼凑，而是打破传统三大创作领域的坚实壁垒，形成的一个浑然天成的全新“作品”。通过三种不同的艺术表现形式，互相渗透着诠释“月”这个主题所有的延伸。特别值得一提的是，Hansey 为音乐和小说赋予了一个完美的容器：书的尺寸为 15 厘米×24 厘米，取自满月日为“十五”和月球轨道周长“240 万公里”这两个数字。更特别的是，当读者从外盒中抽取书的时候，外盒的镂空和封面上的图案会产生从新月到满月再到新月的过程。

这个装帧设计巧妙且恰到好处地突出了主题“月”，外盒的黑色不仅仅给读者带来肃穆的夜色景象，而且与内封面纯白色的对比，表现了月与夜空的交相辉映，也提升了整本书的气质。另外，此书内附光盘上同样印着夜空的景象，为整个设计锦上添花，如图 6-30 所示。并且光盘里的“她”、“哀歌”、“大海”、“敦煌”四首纯音乐听起来更是令人感觉仿佛触摸到了遥远而深邃的夜空。

图 6-27 《月》装帧设计

图 6-28 《月》装帧设计

图 6-29 《月》装帧设计

图 6-30 《月》CD 设计

凭借一曲《江南 STYLE》红遍全球的韩国歌手 PSY 登上《VOGUE》意大利版封面，如图 6-31 所示。PSY 最近被选为意大利《VOGUE》杂志十月版的封面人物。他是韩国艺人中第一位成为《L'UOMOVOGUE》封面人物的歌手，也是继联合国秘书长潘基文之后，第二个登上这个杂志封面的韩国人。

整个杂志风格采用视觉冲击力很强带有夸张表情的照片，并处理成黑白色调字体，设计采用斑马纹饰加以装饰，结合黄色两行字交相呼应，映衬出杂志的活力与独特的气质。PSY 的封面拍摄由曾为迈克尔・杰克逊、LadyGaga 等巨星拍摄写真和杂志封面的意大利著名时尚导演 RushkaBergman 以及曾为罗伯特・德尼罗、斯嘉丽・约翰逊、碧昂斯等拍摄写真的摄影师 FrancescoCarrozzini 掌镜，再次验证了 PSY 作为世界明星的影响力。

图 6-31　《VOGUE》杂志十月版 杂志设计

6.5 课后练习

6.5.1 收集优秀设计案例

认真阅读教材，并尽可能多地翻阅资料，多收集优秀书籍设计样式，画成草图以备用。如图 6-32 至图 6-36 所示。

图 6-32 《Festivais GIL VICENTE 2012》

图 6-33 《Festivais GIL VICENTE 2012》

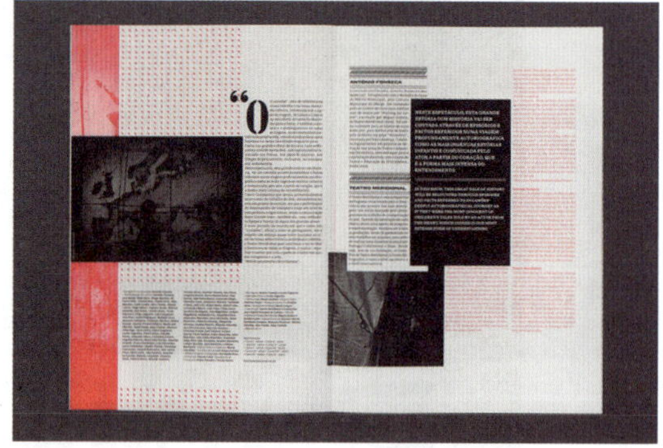
图 6-34 《Festivais GIL VICENTE 2012》

图 6-35 《Festivais GIL VICENTE 2012》

图 6-36 《Festivais GIL VICENTE 2012》草图

6.5.2　撰写调研报告并收集名师作品

市场调研后撰写对优秀书籍装帧设计师应具备的素质的体会和认识，要求不少于 300 字，并收集知名书籍设计师代表作品案例 10 组。参考优秀书籍设计师宁成春及其作品，如图 6-37 至图 6-40 所示。

图 6-37　设计师宁成春

图 6-38　优秀设计师宁成春作品

图 6-39　优秀设计师宁成春作品

图 6-40　优秀设计师宁成春作品

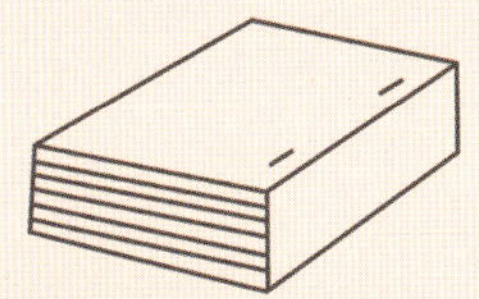

第 7 章 书籍设计的工艺

7.1 开本

7.1.1 开本的概念

开本指书刊幅面的规格大小，即一张全开的印刷用纸裁切成多少页。常见的有 32 开（多用于一般书籍）、16 开（多用于杂志）、64 开（多用于中小型字典、连环画）。

7.1.2 开本的规格和类型

1. 开本的类型

（1）左开本和右开本

左开本指书刊在被阅读时，向左面翻开的方式。左开本书刊为横排版，即每一行字是横向列的，阅读时文字从左往右看。如图 7-1 至图 7-3 所示。

图 7-1 《VeryThai》左开本

图 7-2 《无印良品》左开本

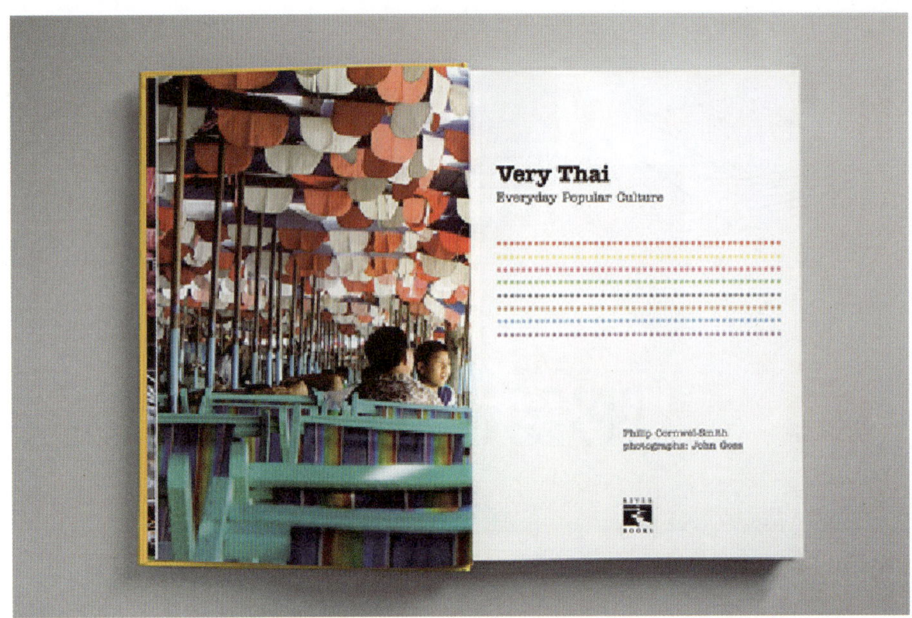

图 7-3 《VeryThai》左开本

右开本指书刊在被阅读时是向右面翻开的方式。右开本书刊为竖排版，即每一行字是竖向排列的，阅读时文字从上至下、从右向左看（只指汉字的排列）。《好～恐怖喔！》是一本日本图画书，整本书采用右开本的形式，并且文字排版是竖排版的形式，如图 7-4、图 7-5 所示。

图 7-4 《好～恐怖喔！》右开本

图 7-5 《好～恐怖喔！》右开本

（2）纵开本和横开本

纵开本指书刊上下（天头至地脚）规格长于左右（订口至切）规格的开本形式书籍在装订加工过

程中常将开本尺寸中的大数字写在前面，如 297mm × 210mm（长 × 宽），则说明该书刊为纵开本形式。如图 7-6、图 7-7 所示。

图 7-6　《汉诗昆山》纵开本

图 7-7　《汉诗昆山》纵开本

横开本与纵开本相反，是书刊上下规格短于左右规格的开本形式在装订加工过程中将开本尺寸中的小数写在前面，如长边长于宽边的开本，说明该书刊为横开本形式。如图 7-8 所示。

图 7-8　儿童系列丛书 横开本

（3）按大小还可以分为大型本、中型本、小型本。

1）大型本

12 开以上的开本。适用于图表较多，篇幅较大的厚部头著作或期刊。如图 7-9 所示。

图 7-9　大开本期刊

2）中型本

16 开至 32 开的所有开本。此属一般开本，适用范围较广，各类书籍均可应用。图 7-10 所示。

图 7-10　中型本

3）小型本

适用于手册、工具书、通俗读物或单篇文献，如 46 开、60 开、50 开、44 开、40 开等。

这类似的现代文学艺术丛书体积较小，但字体大小适中，柔软的封面又便于手拿。因开本较小，价格也较便宜价格贴近大众，有相当多的读者群。如图 7-11 至图 7-14 所示。

图 7-11　小型本

图 7-12　小型本

图 7-13　小型本

图 7-14　小型本

青少年读物一般是有插图的，可以选择偏大一点的开本。如图 7-15 至图 7-17 所示。

图 7-15　《SKY SHIP》书籍设计

图 7-16　《SKY SHIP》书籍设计

图 7-17　《SKY SHIP》书籍设计

儿童读物因为有图有文，图形大小不一，文字也不固定，因此可选用大一些接近正方形或者扁方形的开本，适合儿童的阅读习惯。如图 7-18 至图 7-21 所示。

图 7-18　儿童书籍设计

图 7-19　儿童书籍设计

图 7-20　儿童书籍设计

图 7-21　儿童书籍设计

字典、词典、辞海、百科全书等有大量篇幅，往往分成 2 栏或 3 栏，需要较大的开本。小字典、手册之类的工具书开本选择 42 开以下的开本。如图 7-22 至图 7-24 所示。

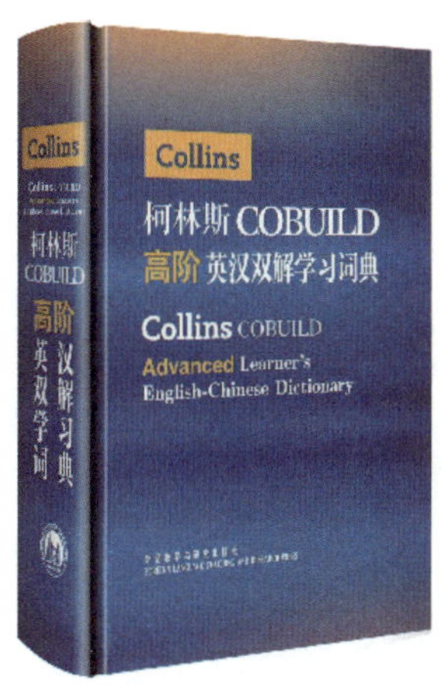

图 7-22　词典

图 7-23　辞海

图 7-24　辞海

图片和表格较多的科学技术书籍注意表的面积、公式的长度等方面的需要，既要考虑纸张的节约，又要使图表安排合理，一般采用较大和较宽的开本。如图 7-25 所示。

图 7-25 《土地》书籍设计

画册是以图版为主的，先看画，后看字。由于画册中的图版有横有竖，常常互相交替，采用近似正方形的开本，合适、经济实用。

画册中的大开本设计，视觉上丰满大气，适合作为典藏及礼品书籍，有收藏价值，但需考虑到成本的节约。如图 7-26 至图 7-29 所示。

图 7-26 《画册》日本松本弦人设计

图 7-27 《画册》日本松本弦人设计

图 7-28 《宫崎骏画册》

图 7-29 《宫崎骏画册》

乐谱一般在练习或演出时候使用，一般采用 16 开本或大 16 开，最好采用国际开本。如图 7-30、图 7-31 所示。

图 7-30　乐谱

图 7-31　乐谱

2. 开本的规格

对一本书的正文而言，开数与开本的涵义相同，但以其封面和插页用纸的开数来说，因其面积不同，则其涵义不同。通常将单页出版物的大小，称为开张，如报纸、挂图等分为全张、对开、四开和八开等。

由于国际国内的纸张幅面有几个不同系列，因此虽然它们都被分切成同一开数，但其规格的大小却不一样。尽管装订成书后，它们都统称为多少开本，但书的尺寸却不同。

在实际生产中通常将幅面为 787×1092（mm）或 31×43 英寸的全张纸称之为正度纸；将幅面为 889×1194（mm）或 35×47 英寸的全张纸称之为大度纸。由于 787×1092（mm）纸张的开本是我国自行定义的，与国际标准不一致，因此是一种需要逐步淘汰的非标准开本。由于国内造纸设备、纸张及已有纸型等诸多原因，新旧标准尚需有个过渡阶段，时至 2013 年，裁切规格尺寸大度为：大 16 开本 210×297（mm）、大 32 开本 148×210（mm）和大 64 开本 105×148（mm）；正度为：16 开本 188×265（mm），32 开本 130×184（mm）、64 开本 92×126（mm）。如图 7-32 所示。

图 7-32　正度与大度示意图

3. 纸张的切法

由于各种不同全开纸张的幅面大小差异，故同开数的书籍幅面因所用全开纸张不同而有大小差异，如书籍版权页上“787×1092 1/16”是指该书籍是用787×1092规格尺寸的全开纸张切成的16开本书籍书。书籍适用的开本多种多样，有的需要大开本，有的需要小开本，有的需要长方形开本，有的则需要正方形开本。这些不同的要求只能在纸张的开切上来解决。纸张的开切方法大致可分为几何开切法、非几何开切法和特殊开切法。最常见的是几何开切法，它以2、4、8、16、32、64、128……的几何级数来开切，是一种合理的、规范的开切法，纸张利用率高，能用机器折页，印刷和装订都很方便。如图7-33至图7-36所示。

	全开纸	对开成品	4开成品	8开成品	16开成品	32开成品
大度	889x1194	860x580	420x580	420x285	210x285	210x140
正度	787x1092	760x520	370x520	370x260	185x260	185x130

图 7-33　开本尺寸

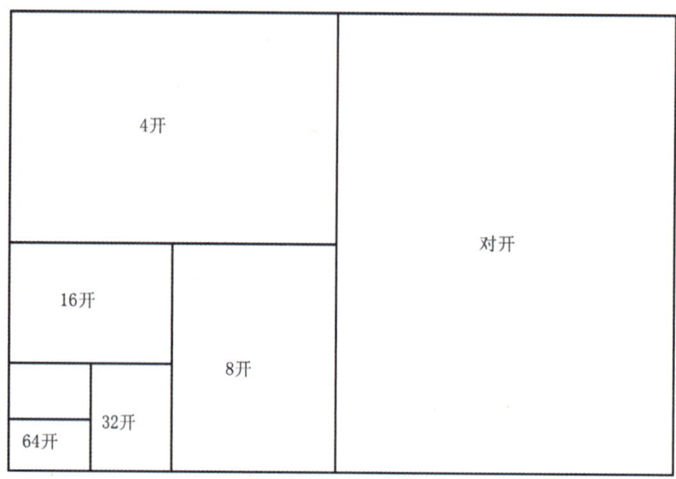

图 7-34　开本

开本	书籍幅面（净尺寸）		全开纸张幅面
	宽度	高度	
8	260	376	787 ×1092
大8	280	406	850 ×1168
大8	296	420	880 ×1230
大8	285	420	889 ×1194
16	185	260	787 ×1092
大16	203	280	850 ×1168
大16	210	296	880 ×1230
大16	210	285	889 ×1194
32	130	184	787 ×1092
大32	140	203	850 ×1168
大32	148	210	880 ×1230
大32	142	210	889 ×1194
64	92	126	787 ×1092
大64	101	137	850 ×1168
大64	105	144	880 ×1230
大64	105	138	889 ×1194

图 7-35　开本尺寸

开本	书籍幅面（净尺寸）		全开纸张幅面
	宽度	高度	
16	165	227	690 ×960
16	171	248	730 ×1035
16	188	207	787 ×880
16	232	260	960 ×1092
32	113	161	690 ×960
32	124	175	730 ×1035
32	130	208	880 ×1092
32	147	184	889 ×7794
32	115	184	787 ×1230
32	140	184	787 ×1156
32	130	161	690 ×1096
32	169	289	1000 ×1400
64	80	109	690 ×960
64	84	120	730 ×1035
64	104	126	880 ×1092
64	92	143	787 ×1230
64	119	165	1000 ×1400

图 7-36　开本尺寸

（1）几何级数开切法

几何级数开切法，经济、合理、正规，纸张利用率高，可机器折页、印刷、装订方便。如图 7-37、图 7-38 所示。

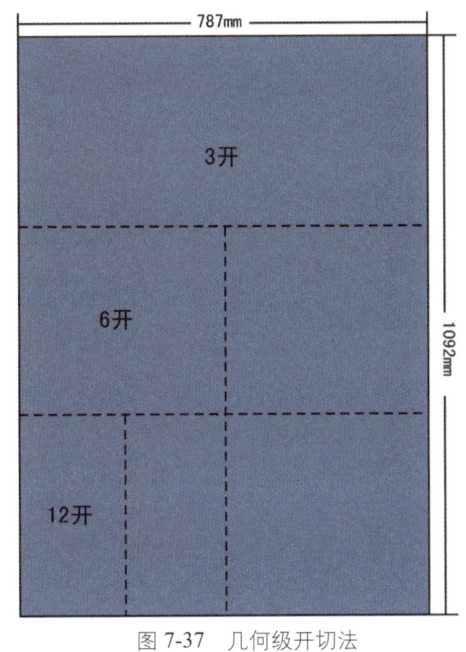

图 7-37　几何级开切法

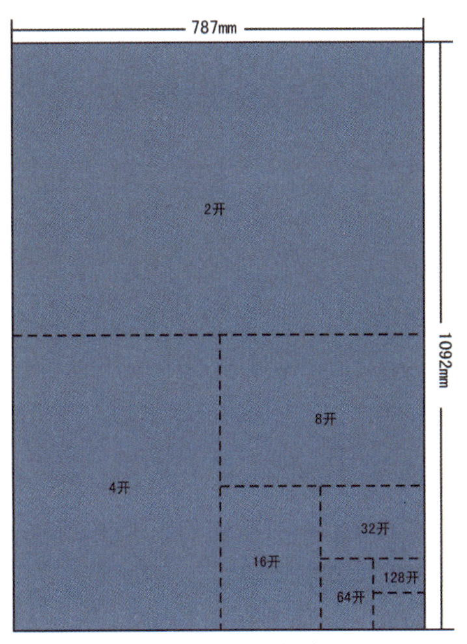

图 7-38　几何级开切法

（2）直线开切法

直线开切法，纸张有纵向和横向直线开切，也不浪费纸张，但开出的页数，双数、单数都有。如图 7-39 所示。

图 7-39　直线开切法

（3）纵横混合开切

纸张的纵向和横向不能沿直线开切，开下的纸页纵向、横向都有，不利于技术操作和印刷，易剩下纸边造成浪费。如图 7-40 所示。

不能被全开纸张或对开纸张开尽（留下剩余纸边）的开本被称为畸形开本。例如，787 × 1092 的全开纸张开出的 10、12、18、20、24、25、28、40、42、48、50、56 等开本都不能将全开纸张开尽，这类开本的书籍都被称之为畸形开本（或异型开本）书籍。

图 7-40　纵横混合开切

4. 开本的选择

开本就是一本书的大小，也就是书的面积。只有确定了开本的大小之后，才能根据设计的意图确定版心、版面的设计、插图的安排和封面的构思，并分别进行设计。独特新颖的开本设计必然会给读者带来强烈的视觉冲击力。

5. 书籍的性质和内容

书籍的性质和内容，因为书籍的高与宽已经初步确定了书的性格 。“开本的宽窄可以表达不同的情绪。窄开本的书显得俏，宽的开本给人驰骋纵横之感，标准化的开本则显得四平八稳。设计就是要考虑书在内容上的需要。”—吴勇

（1）诗集，一般采用狭长的小开本，合适、经济且秀美。诗的形式是行短而转行多，读者在横向上的阅读时间短，诗集采用窄开本是很适合的。相反，其他体裁的书籍采用这种形式则要多加考虑，同时需考虑纸张的使用，设计是因书而异的。如图 7-41 至图 7-43 所示。

图 7-41　普希金诗集

图 7-42　尼采诗集

图 7-43　诗集

（2）经典著作、理论书籍和高等学校的教材篇幅较多，一般大 32 开或面积近似的开本合适。如图 7-44、图 7-45 所示。

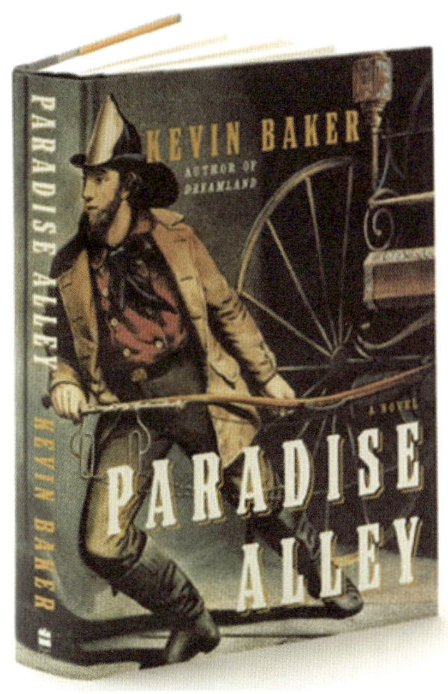

图 7-44　经典著作

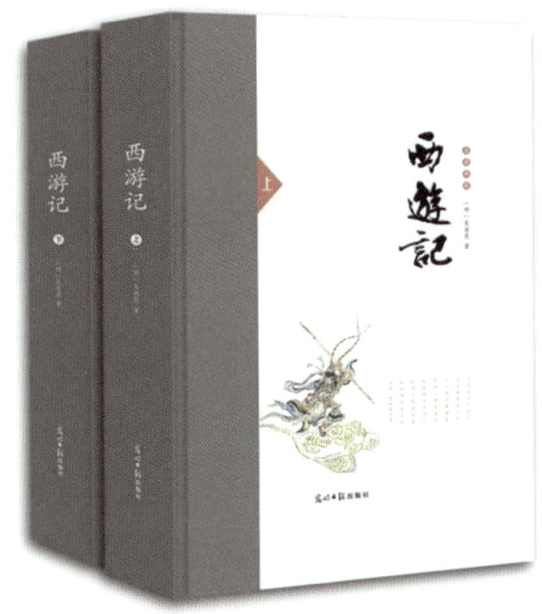

图 7-45　经典著作

(3) 小说、传奇、剧本等文艺读物和一般参考书，一般选用小 32 开，方便阅读。为方便读者，书不宜太重，以单手能轻松阅读为佳。如图 7-46 至图 7-48 所示。

图 7-46　文艺读物

图 7-47　文艺读物

图 7-48　文艺读物

7.2　装订形式

书籍的最终形态的形成关键一步是装订的形式，好的装订形式会使得书籍锦上添花。根据书籍的性质以及书籍风格的不同，应选用不同风格的装订形式。选择恰当的装订形式还要考虑它的牢固度、成本诸多要素。因此装订的形式应该多样性的。书籍的装订形式主要包括以下几种方式：

7.2.1　平订

用铁丝或其他金属丝固定书页，称为平订。因铁丝易锈蚀以致书页松散，现已少用。再者，平订须占用一定宽度的订口，使书页只能呈“不完全打开”形态，书册太厚则不容易翻阅，一般适用于400 页以下的书刊。如图 7-49 所示。

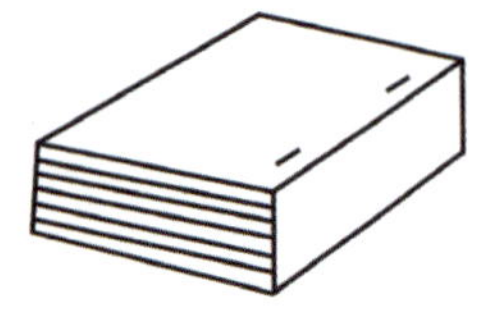
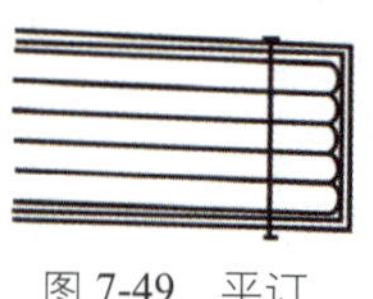

图 7-49　平订

7.2.2　无线胶装

无线胶装也叫胶背订、胶黏装订。由于其平整度很好，目前，大量书刊都采用这种装订方式。但由于热熔胶质量没有相应的行业标准或国家标准，使用方法还不规范，故胶黏订书籍的质量尚没有达到令人满意的程度。如图 7-50 所示。

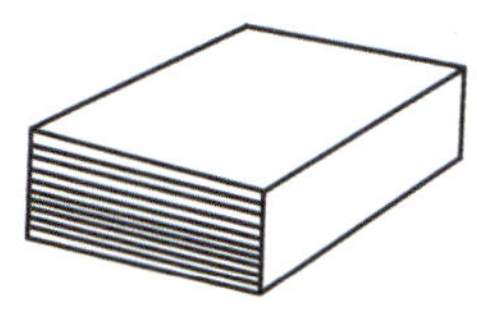 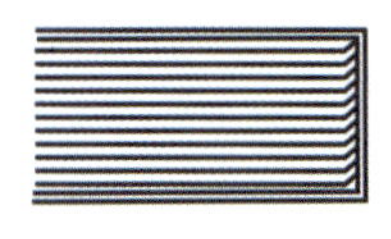 

图 7-50　无线胶订

7.2.3　线胶装

线胶装又叫锁线胶黏订，装订时将各个书帖先锁线再上胶，适用于较厚的书籍或精装书籍。这种装订方法装出的书结实且平整，但是书页需成双数才能对折订线。如图 7-51 所示。

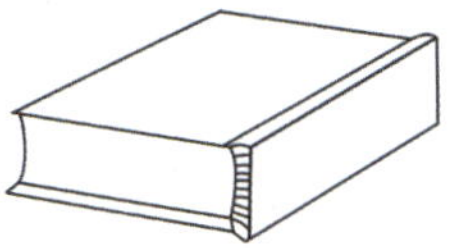 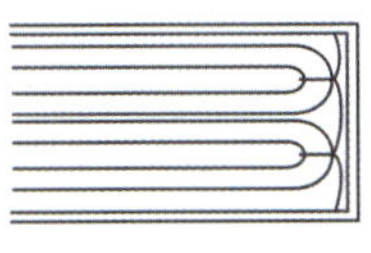 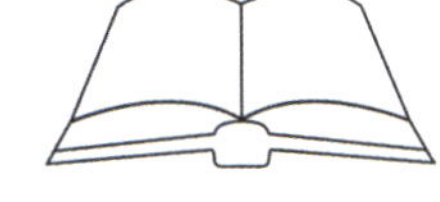

图 7-51　线胶装

7.2.4　骑马订

书页仅仅依靠 2 个铁丝钉连接，因铁丝易生锈，所以牢度较差，适合订 6 个印张以下的书刊。 如图 7-52 所示。

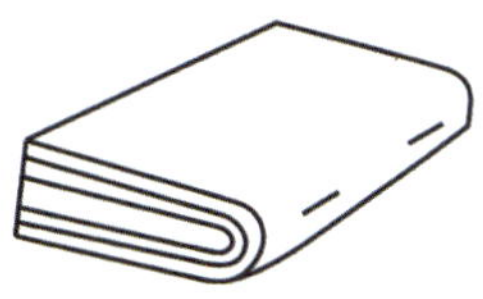 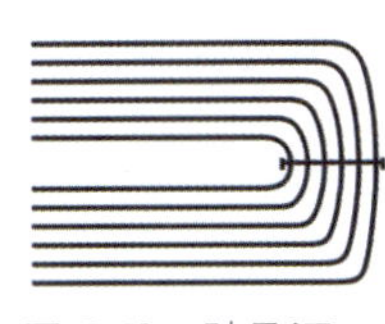 

图 7-52　骑马订

7.2.5　YO 环装

在书的订口处打孔，再用弹簧金属圈或螺纹圈等穿锁扣的一种订合形式。单页之间不相粘连，适用于需要经常抽出来、补充进去或更换使用的出版物。新颖美观，常用于产品样本、目录、相册等。优点是可随时更换。如图 7-53、图 7-54 所示。

图 7-53　YO 环装

图 7-54　YO 环装

7.2.6　精装

精装书籍多用于需要长期保存的经典著作，精美画册等贵重书籍和经常翻阅的工具书籍，在材料和装订上都比平装书籍讲究。精装与平装的不同之处，除了书芯一般都锁线订或胶背订，在封面的用料上也有区别。如图 7-55 至图 7-57 所示。

图 7-55　精装书籍

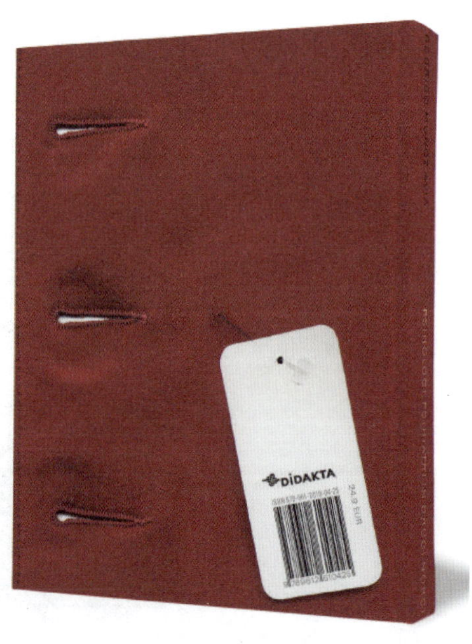

图 7-56　精装书籍

图 7-57　精装书籍

7.3　书籍的印刷工艺

7.3.1　封面用纸

1. 胶版纸

胶版纸按纸浆料的配比分为特号、1 号、2 号和 3 号，具有较高的强度和适应性能。有单面和双面之分，还有超级压光与普通压光两个等级。胶版印刷是比较高级的书刊印刷，胶版纸伸缩性小，对油墨的吸收性均匀、平滑度好，质地紧密不透明，白度好，抗水性能强，应选用结膜型胶印油墨和质量较好的铅印油墨。如图 7-58、图 7-59 所示。

图 7-58　胶版纸

图 7-59　胶版纸

2. 铜版纸

又称涂布印刷纸，在香港等地区称为粉纸。它是以原纸涂布白色涂料制成的高级印刷纸。主要用于印刷高级书刊的封面和插图、彩色画片、各种精美的商品广告、样本、商品包装、商标等。铜版纸的主要原料是铜版原纸和涂料。对铜版原纸的要求是厚薄均匀，伸缩性小，强度较高，抗水性好。纸面不许有斑点、皱纹、孔眼等纸病，用来涂布的涂料是由优质的白色颜料、胶粘剂（如聚乙烯醇、干酪素等）及辅助添加剂等组成的。如图 7-60 所示。

图 7-60　铜版纸

3. 白版纸

白版纸伸缩性小，有韧性，折叠时不易断裂，主要用于印刷包装盒和商品装磺衬纸。在书籍装订中，用于无线装订的书脊和精装书籍的中径纸（脊条）或者封面。有特级和普通、单面和双面之分。按底层分类有灰底和白底两种。如图 7-61 所示。

图 7-61　白版纸

4. 布纹纸

布纹纸属于精品纸名片的入门级选择。布纹纸主要通过纹路来体现名片的质感，有细布纹、麻布纹、白水纹、细条纹、莱尼纹等。除白水纹纸质较软之外，其余都是 250g 纸，挺度高纹理清晰细腻。白水纹比较适合中国古典风格的名片设计方案，清新淡雅。当然，还有珠水纹，泛淡黄色的水纹纸，更加能够体现古典的感觉。细布纹、麻布纹、细条纹的纸质感较为相似，只是纹路不同。布纹纸尽量印刷简洁大方的设计风格，不适合大色块与复杂图片印刷。如图 7-62 所示。

图 7-62　布纹纸

5. 牛皮纸

很早以前，“牛皮纸”当真是用小牛的皮做的。当然，这种“牛皮纸”，现在只有在做鼓皮的时候，才会用到它；而你包书用的牛皮纸，是人们学会了造纸技术以后，用针叶树的木材纤维，经过化学方法制浆，再放入打浆机中进行打浆，再加入胶料、染料等，最后在造纸机中抄成纸张。由于这种纸的颜色为黄褐色，纸质坚韧，很像牛皮，所以人们把它叫做牛皮纸。用作包装材料，强度很高。如图 7-63、图 7-64 所示。

图 7-63　牛皮纸

图 7-64　牛皮纸

6. 布料

布料作为封面印刷材质出现在书籍装帧中，不同的布料体现不同风格的书籍装帧。有光滑的丝绸、织锦缎，也有粗糙的麻布，还有各种的人造织物、棉布、涤纶、天鹅绒等。如图 7-65 所示。

图 7-65　布料

7.3.2　印刷工艺

1. 凸版印刷

凸版的特征，是印纹部分高出于非印纹，并在印刷图纹上涂上一层油墨，并将之印于物品之上，在版上看到的都是负像，印后反成正像，通称凸版印刷。凸版的版面凹凸极为明显，易于表现油墨。凸版印版和印刷原理也可用于烫金、压凸等工艺。如图 7-66、图 7-67 所示。

凸版有两种：一为照相凸版；二为橡胶版。其中照相凸版又分两种：锌版和树脂版（柔版印刷，也称弹性印刷）。

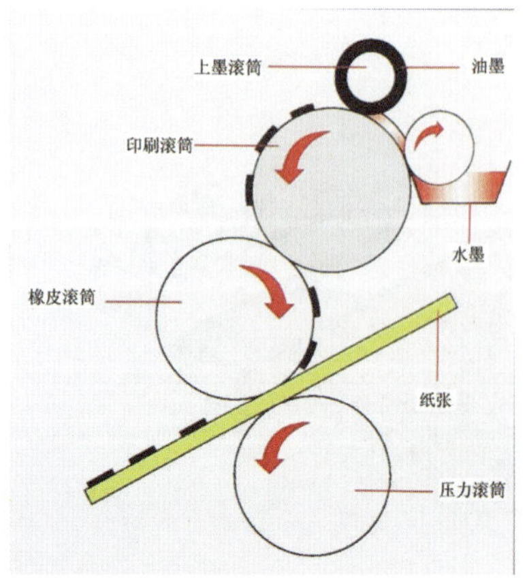

图 7-66　凸版印刷印版

图 7-67　凸版印刷品

2. 平版印刷

平版印刷是基于油和水互斥的原理的手动工艺。

图像用油基的媒介放在印版表面上；然后用酸将油“烧入”印版表面中。在印刷时，表面先覆上水，水分留在非油性的表面，但不会留在油性的部分；然后用辊子涂油性油墨，油墨只附着在表面油性的部分。

平版印刷使用的是铝版。印版已经用刷子刷出砂目，或称为“粗糙化”处理，然后涂上平滑的一层感光胶。将所需的图像的照相阴图放在印版上进行曝光，在感光胶上形成阳图图像。感光胶经过化学处理后去除未曝光的感光胶部分。印版装在印刷机上的滚筒上，用水辊在印版上滚过，将水分附着在印版的粗糙部分或称非图文部分。然后用墨辊在印版上滚过，只将油墨附着在印版的平滑部分或称图文部分。如图 7-68、图 7-69 所示。

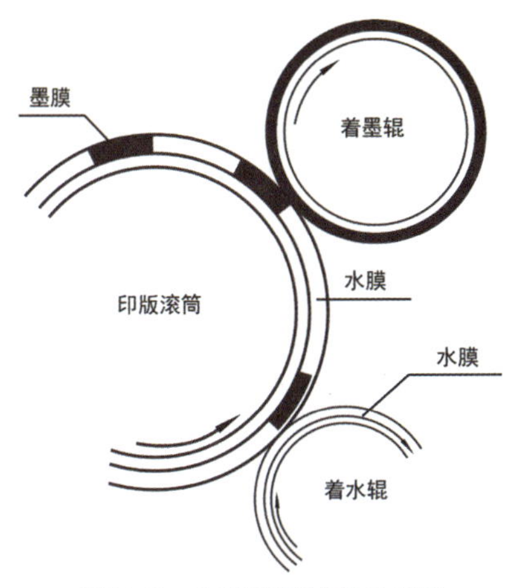

图 7-68　平版印刷原理示意图

图 7-69　平版印刷品

3. 凹版印刷

凹版印刷是印纹从印版表面上雕刻凹下的制版技术。一般说来，采用铜或锌板作为雕刻的表面，凹下的部分可利用腐蚀、雕刻、铜版画或 mezzotint 金属版制版法，Collographs 可能按照凹印版印刷。要印刷凹印版，表面覆上油墨，然后用塔勒坦布或刮刀从表面擦去油墨，只留下凹下的部分。把被印物覆在印版上部，印版和纸张通过印刷机加压，将油墨从印版凹下的部分传送到纸张上完成印刷过程。如图 7-70 所示。

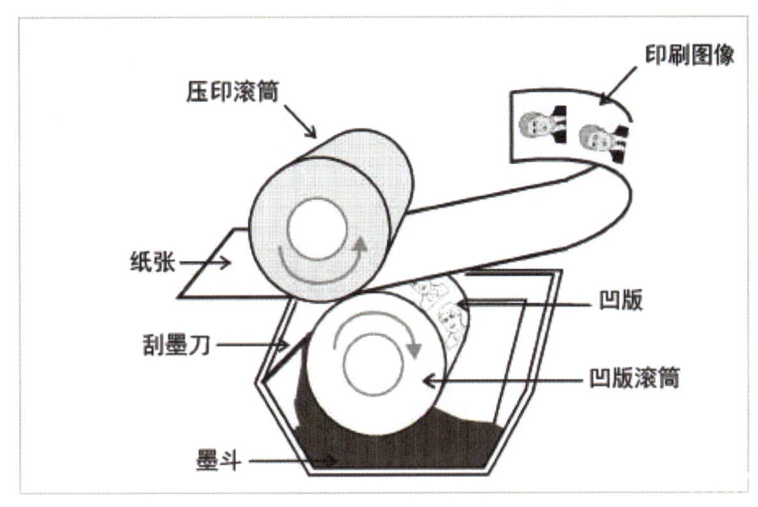

图 7-70　凹版印刷原理示意图

凹版印刷（Intaglio）这个词有时也用来指雕刻印章，其印在要盖章的材料上，留下凸起的图文，这个来自意大利的词主要指的是雕刻木板，用于装饰的目的(例如在家具上)。

4. 丝网印刷

也称丝漆印刷，它是孔版印刷的一种，把尼龙丝或金属丝网绷紧在框上，然后在用再手工镂空或是照相制版法，在丝网上制成由通孔和胶膜填塞部分组成的图像印版，印刷时，网框上的油墨在刮墨板的挤压下从通孔部分漏印到承印物上。丝网印刷的优点是油墨浓厚、色彩鲜艳，适用于任何材料的印刷，例如玻璃类铁皮金属板、花布和纸张等。如图 7-71、图 7-72 所示。

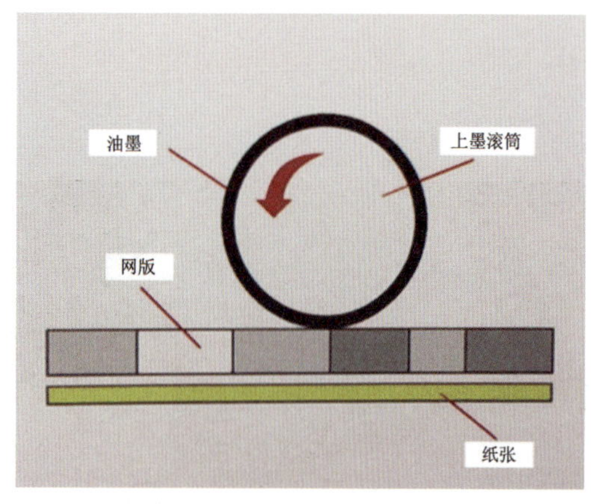

图 7-71 丝网印刷原理示意图

图 7-72 丝网印刷品

7.3.3 特殊工艺

1. UV

上光是在印刷品表面涂布（喷、印）一层无色透明涂料，经流平、干燥（压光）后，在印刷品表面形成薄而均匀的透明、光亮膜层的加工工艺。上光可以增强印刷品的外观效果，改善印刷品的使用性能及保护性能。故目前上光技术在书籍的表面装饰加工中已广泛应用。纸张印刷品常用上光加工方法有涂布上光、涂布压光、UV 上光等，常用于书籍的装饰加工的是 UV 上光技术。如图 7-73、图 7-74 所示。

图 7-73 UV 上光

图 7-74 UV 上光

UV 上光分为全幅面上光和局部上光（在印刷品某一特定位置上光）两类。根据上光效果，还可

分为高光型和亚光型。UV 上光可改善封面装潢效果，尤其是局部 UV 上光，通过高光画面与普通画面间的强烈对比，能产生丰富的艺术效果。由于 UV 上光具有比传统上光和覆膜工艺无法比拟的优势，无污染、固化时间短、上光速度快、质量较稳定，已成为上光工艺的发展方向。

2. 烫金、烫银

它在一定的温度和压力下将金银电化铝或者其他的金属箔烫到承印物表面，是近年来常用的印刷工艺，它使承印物上呈现出强烈的金属光泽，色彩鲜艳夺目，永不褪色。近年来传统的烫金技术也在不断进步，融入了很多新的技术元素，出现了全息定位烫金、立体烫金、冷烫金等新型的烫金技术。可以烫金的承印物非常丰富，有纸张、塑料、木制品、玻璃、金属等。如图 7-75、图 7-76 所示。

图 7-75　烫金、烫银

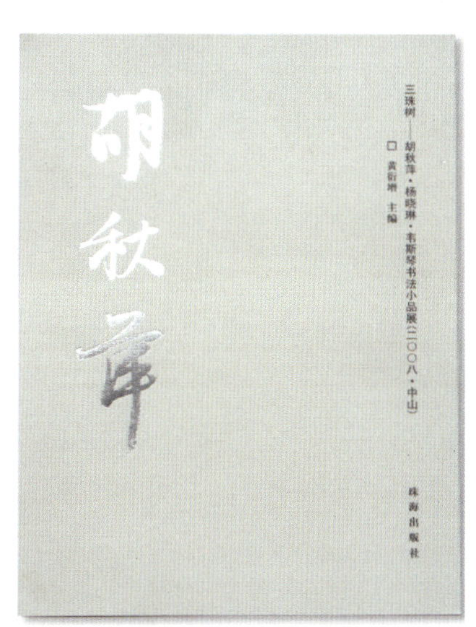

图 7-76　烫金、烫银

3. 磨砂

磨砂工艺可以为对象的表面增加磨砂手感，而且看起来也更有质感，为具有质感的图像添加此效果会更有效果。如图 7-77 所示。

图 7-77　磨砂

4. 起鼓

凹凸压印工艺是利用相互匹配的凹凸型钢模或铜模，在材料上压出凹凸立体状图型或印纹图案。书籍装帧中，凹凸压印主要用来印制函套、封面文字、图案和线框，使图文具有层次感，强化了读者的触觉，产生独特的艺术效果。如图 7-78、图 7-79 所示。

图 7-78　起鼓

图 7-79　起鼓

5. 模切

书籍设计除了装帧形式中涉及各种技术以外，模切打孔工艺也是印后书籍表面加工中的重要工序，模切工艺是影响书籍美观度的必要加工手段。在封面上打洞还是切出异形图案，使得封面更加有层次感。大多数模切工艺都是依赖精准的激光雕刻来完成的。如图 7-80、图 7-81 所示。

图 7-80　模切

图 7-81　模切

7.4　案例分析

7.4.1　《L.A》杂志设计分析

如图 7-82 至图 7-85 所示为 LA 杂志封面及内页设计，该书籍采用了多种印刷工艺，如图 7-82 所示为 LA 杂志封面设计，该封面设计采用烫银起鼓工艺及专色叠印工艺，使版面具有时尚大气的设计风格，层次丰富的编排，彰显其高品质的专业气质。如图 7-83 所示为 LA 杂志内页设计，该页面采用专色叠印工艺，附亚光膜，使版面更具空间层次感及特殊的质感。版面编排更与封面设计相呼应，形成统一的设计风格。

图 7-82 为杂志封面设计满版编排，构图饱满。杂志品牌夸张地放大处理，突显个性及创意，通体银色的字体处理与背景形成强烈对比。背景图圆形的点状编排更具装饰意味。说明性文字沿字体“L”沿形左对齐处理，增加别致感与版面的饱满感。

图 7-84 为杂志内页设计，版面设计极为别致，采用去背景图的出血图片，编排时尚大气，左页人物朝向右页文字及图形，具有引导读者视线的作用，形成视觉流程便于阅读。

图 7-85 为杂志内页设计，该版面编排极为素雅，人物处理给人一种绘画效果，符合人物本身的气质，增强版面感染力。

该杂志总体设计风格现代时尚，符合其时尚杂志的设计主题。各个版面设计既整体统一又突显个性，运用的设计语言丰富，结合多种印刷工艺更提升杂志的品质及专业性。

图 7-82　LA 杂志封面设计

图 7-83　LA 杂志内页设计

图 7-84　LA 杂志内页设计

图 7-85　LA 杂志内页设计

7.4.2 《汉字生命魅力》书籍设计分析

此本书籍由包背装横 8 开变身为 240×240mm，50 个汉字 6 种书体书法作品及 153×240mm 小 16 开书籍的设计。巧妙地把书设计为一分为二的形式，读者在领略到中华传统文字的韵味同时，可以裁下另一半细细品读。与读者的互动更加多样化，动静结合，字体可以装饰居室、书房、厅堂。如图 7-86 所示。

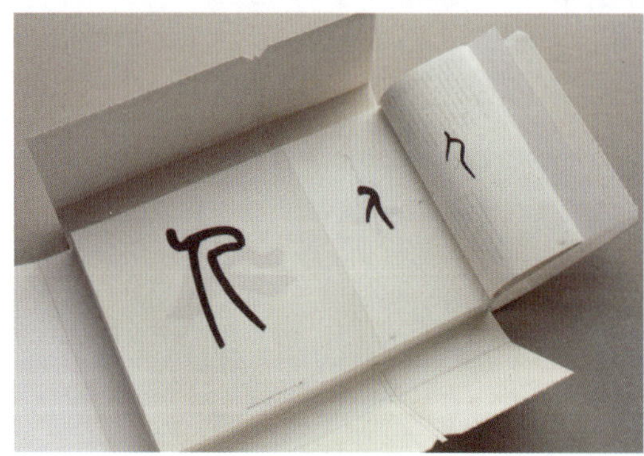

图 7-86 《汉字生命魅力》

7.5 作品点评

整个书籍装帧设计以亚麻色为主调，材质采用布料自然朴实，新颖的书籍材料使书籍焕发新的活力。而在书脊处巧妙地设计成火柴盒的侧面，这样的处理与标题中的 A SMOKABLE SONGBOOK 触动心灵的唱本相呼应。滑动火柴点燃光亮，翻开书籍触动读者的心灵，文字的处理舒展潇洒，纹饰的设计具有巴洛克风格，与古朴质感交相互应。独特的书籍设计形式体现出这本书的独特的艺术个性，在不知不觉中引导读者审美观念多元化的发展。如图 7-87 所示。

图 7-87　《ROLLING WORDS》

如图 7-88 至图 7-90 所示为 Kuoni 年度报告册设计，该报告册设计采用了多种印刷工艺，如图 7-88 所示为报告册外包装盒，简约的纸质包装形式，形成极简的设计风格。如图 7-89 所示为报告册封面设计，采用压布纹工艺及模切处理，封面的布纹处理极具质感，展现简约质朴的气质。装订形式采用笔记本常用的圈装形式，实用结实不易脱页。如图 7-90 所示为报告册内页设计，其特殊的裁切形式，设计巧妙，方便查找及阅读。

图 7-88　Kuoni 2012 年度报告册外包装设计

图 7-89　Kuoni 年度报告册外封面设计

图 7-90　Kuoni 年度报告册内页及切口设计

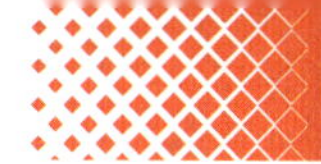

7.6　课后练习

7.6.1　美食杂志封面及内页设计

美食类杂志多以图片为主，配以说明性文字。通过色彩丰富诱人的图片效果勾起人的食欲，激起消费者购买的欲望。图片编排占有较大的面积，选用的色彩与图片和谐统一。多选用暖色系及刺激人食欲的颜色。依据美食类杂志这一主题，设计一款美食杂志封面及几组内页编排设计。

创意思路：要求封面设计采用特殊印刷工艺设计，如专色印刷、多色叠印及烫金、烫银工艺等。版面设计以图片为主要构成要素，设计时注意图片的面积处理及位置安排，充分突出设计主题。在设计时应该具有巧妙的创意、简洁的构图、和谐的色彩，参考作品如图 7-91、图 7-92 所示。

图 7-91　泰国美食杂志封面设计

图 7-92　泰国美食杂志内页设计

7.6.2 时尚杂志封面设计

时尚杂志封面设计重在创意及图片的选择，表现方式多种多样，突显个性。依据时尚杂志这一主题，设计两款时尚杂志封面。

创意思路：杂志名称自拟，版面设计应充分突出设计主题，在设计时应创意独特、构图简洁、色彩和谐，参考作品如图 7-93 所示。

图 7-93 VARIETY 杂志封面设计

第8章 优秀书籍装帧欣赏

8.1 文学与艺术类书籍

如图 8-1、8-2 是由作家出版社出版的《文爱艺诗集》，由刘晓翔和高文设计。整体设计以个性简洁取胜，红色的文字从封面流淌到封底，充满视觉冲击力。该书曾荣获 2012 年“世界最美的书”银奖。

图 8-1 《文爱艺诗集》设计者：刘晓翔、高文

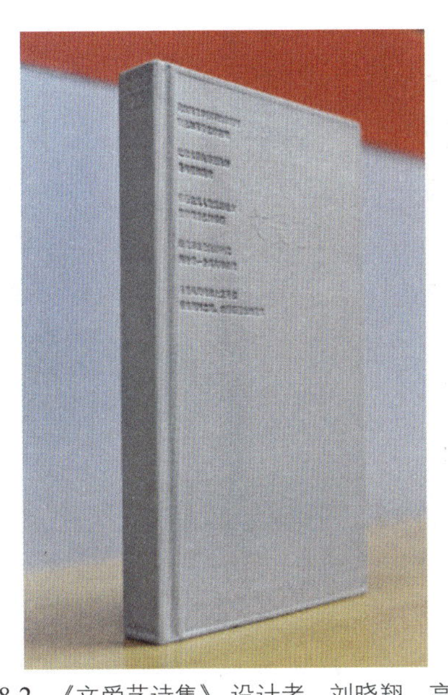

图 8-2 《文爱艺诗集》设计者：刘晓翔、高文

如图 8-3 所示是由人民美术出版社出版的画册《汪稼华笔墨》，该书最大的亮点是所有的图片没有因为装订受到裁切而破坏了画的完整性，设计者用了折页、拉页、延长页，甚至书衣、书夹等方式，使书中任何一部作品展开都是一个完整的画，这种中国传统的装帧方式在西方很少见。书中所有的主题文字，包括书名、画名，用的是木刻版书的效果。该书曾获得“中国最美的书”荣誉。

如图 8-4 所示是《死后四十种生活》的封面设计，突起的衣服和字母的设计，给人一种真实立体的感觉和想要触摸的冲动，运用正负形原理，给人一种两个世界的穿越之感，妙不可言。

如图 8-5 所示是由国际文化出版公司出版的《烟斗随笔》，设计者：吕敬人、杜晓燕。这本书是一个音乐家早年写的杂文。第一，从封面上可以感觉到音乐家的心境，与普通流行乐不同，有日本雅乐的感觉；第二，从外装上看，封面图像部分是压凸的，银色的边框、黑色的字表达出音乐家的人格特质，另外也可以表达对于音乐家的纪念。

图 8-6 的封面设计运用了具有构成感的文字组合样式，让书在具有教育功能的同时，兼具设计美感，给人以潜移默化的影响。

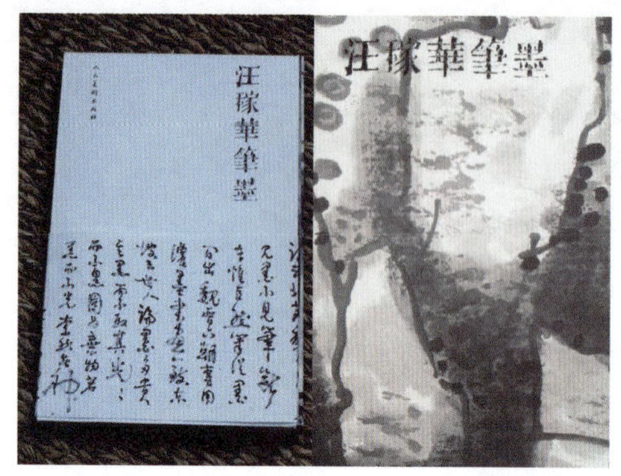

图 8-3 《汪稼华笔墨》 设计者：朱锷

图 8-4 《死后四十种生活》封面设计

图 8-5 《烟斗随笔》封面设计

图 8-6 外国书籍封面设计

图 8-7 所示书籍运用连续的内页展现一幅完整的画，画的透视效果使得此书页具有视觉开阔性。

图 8-8 所示书籍内页中具有年代感的老照片，沧桑的历史印记，为整个书的设计增添了历史厚重感，此书一定会吸引到那些具有怀旧情节的人。

图 8-7 内页图片设计

图 8-8 内页图片设计

图 8-9、8-10 为《安迪·沃荷的普普人生》的书籍装帧，设计者：王志弘，书籍的护套标明书名，护封背面印满书名，既可保护书籍又能够体现出宣传的作用。

图 8-9《安迪·沃荷的普普人生》设计者：王志弘

图 8-10《安迪·沃荷的普普人生》设计者：王志弘

图 8-11 为《铁观音》的封面，由林争、刘清霞设计。这是一本以茶为背景的小说，整体设计体现出一种淡雅的格调，仿佛一幅晚清民初的水墨画。玲珑的茶具、文字，大量的留白造就出这种淡雅的氛围，如同品茶后的清爽心情，设计师的把握很精准。

图 8-12 为《摇滚神话学》的封面，运用正负形的原理，封面由 4 张黑白人物剪影海报组成，体现出摇滚乐对人心灵的震撼以及摇滚乐在本书作者心中如神一般的地位，与书名相呼应。

图 8-11　《铁观音》设计者：林争、刘清霞

图 8-12　《摇滚神话学》封面设计

图 8-13 为《上海罗曼史》的封面，设计者：陈楠。封面中充溢着上海情调的秋天落叶，画面中排列着经设计者精心重构的主题变体文字，勾勒出该书浪漫主题的意象，为读者展现出上海城市中特定的温馨与沧桑相依的幽幽气息与文化背景。

如图 8-14 所示，在连续的两个内页上展现一张图片，并在左页的一侧大量留白，给人以视觉的缓冲和休息。

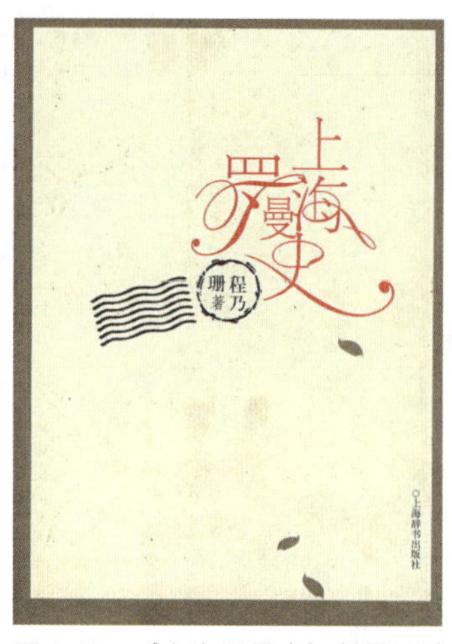

图 8-13　《上海罗曼史》封面设计

图 8-14　书籍内页设计

图 8-15、8-16 分别为两个 CD 的外观设计，设计者：王志弘。图 8-15 为《片刻暖和（sleep with her）》的 CD 设计，主体部分以人物剧照为背景，并配以影片相关信息，起到提示故事背景和人物关系的作用，引起受众的观看兴趣。图 8-16 为《Blood Wedding》的 CD 外观设计，外侧护套的红和 CD 正面的剧照与影视作品的题目“Blood Wedding”相呼应，起到揭示主题的作用。

图 8-15　《片刻暖和（sleep with her）》CD 设计

图 8-16　《BLOOD WEDDING》CD 设计

图 8-17 至图 8-22 均为王志弘设计作品。图 8-17《how to start your own country》封面和护套的设计风格一致，均采用纯色作为背景，标题和文字信息醒目呈现，给人一种简洁明快的感觉；图 8-18《跟着奈良美智去旅行》DVD 封面在色彩的选取上采用了黑白红三大经典色，并且用红色来做标题中文字的重点提示，使主题的呈现一目了然；图 8-19《乳与卵》在封面设计上将书的标题文字进行巧妙的变

图 8-17　《how to start your own country》书籍装帧

图 8-18　《跟着奈良美智去旅行》DVD 设计

形处理，为封面增加设计感，同时提高读者的阅读兴趣；图 8-20 中封面文字采用英文和繁体中文两种字体，作者的署名采用英文反体印刷，很好地呼应了书名《观看的方式》；图 8-21《出发》一书封面设计打破常规，将书名、作者等文字信息排布在封面的外侧边缘，整个画面大量留白，给人以想象的空间；图 8-22 封面色彩选用黑白灰作为主色调，平淡中不失风格，朴素中彰显典雅。

图 8-19 《乳与卵》封面设计

图 8-20 《观看的方式》封面设计

图 8-21 《出发》封面设计

图 8-22 王志弘书籍设计

如图 8-23 至图 8-28 所示书籍，设计者：王志弘。图 8-23《包浩斯》将书名安排在封面的最底部，中心位置通过几个几何色块的罗列与书籍的主题相呼应，整体设计体现一种建筑之美和稳重之感；图 8-24、图 8-25 两书设计将文字和图形放置在封面的边缘，中间大量留白，给人以无限暇想的空间；图 8-26 中黑色的书脊配上灰色的封面，体现出做旧的风格，封面主体的矩形图框，为封面增加立体感；图 8-27

图 8-23 《包浩斯》封面设计 设计者：王志弘

图 8-24 《青春》封面设计 设计者：王志弘

是以白计黑的很好的例子，画面的留白使其中的文字更加引人注目，放大的数字给人以强烈的视觉冲击力，数字明暗相间的处理使该书蒙上了神秘的色彩，让读者发挥无限的想象空间；黑白本身是强烈且永不过时的色彩，图 8-28 中用大面积的黑色来衬托白色的书名及其他文字，醒目且时尚。

图 8-25　王志弘书籍设计

图 8-26　王志弘书籍设计

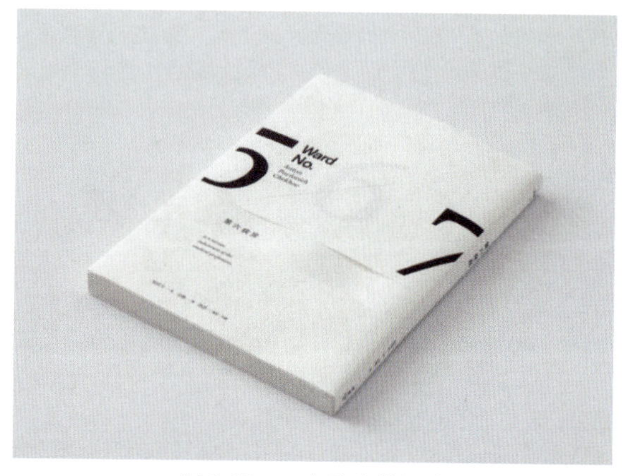

图 8-27　王志弘书籍设计

图 8-28　王志弘书籍设计

如图 8-29、图 8-30 所示，《革命胜利之后》在书籍封面的设计上鲜明地突出了书的政治文化色彩。鲜艳的红色是中国革命中不可或缺的一笔重墨。封面图画是一幅革命时期战争先辈们的合影照片，照片是黑白色的，具有很强的时代感，以照片的色彩来映照出那个年代革命者的精神风貌。封面的整体设计与图书的名称——《革命胜利之后》相呼应。

图 8-29《革命胜利之后》封面

图 8-30《革命胜利之后》封面

《剪纸的故事》（图 8-31）设计者：吕旻、杨婧。该书在素白的封面上凹现出剪纸的动物图形，传承了中国斑斓多彩的剪纸文化，被评价为“多彩而有趣”。该书荣获 2012 年“世界最美的书”银奖。

《另一种存在》（图 8-32）是一本女性散文书。书名字体设计“存在”略微偏差，表现“另一种”之感。设计者偏爱蓝色，运用淡蓝色有柔和烂漫之感，以此来表现其文风。封面图案似悬挂一幅精美的银色空相框，传达女性美感，也寓意人生的多样多面存在，即另一种存在。

图 8-31《剪纸的故事》设计者：吕旻、杨婧

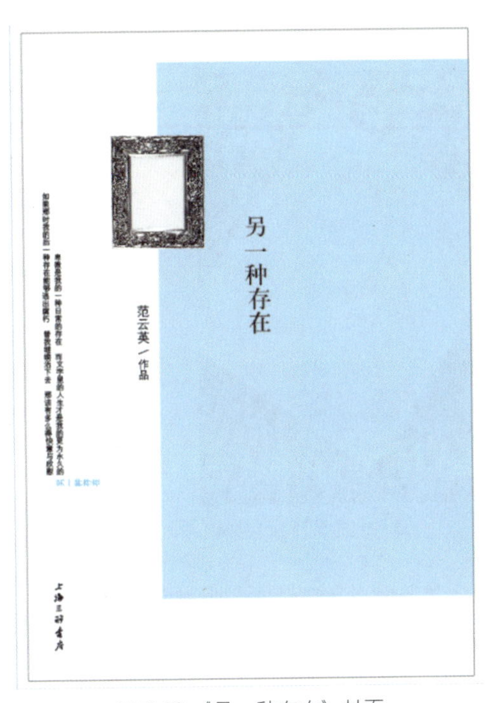

图 8-32《另一种存在》封面

图 8-33、图 8-34 是《诗经》，设计者：刘晓翔。其设计思路是用现代手法包装古代经典，为读者阅读《诗经》留下想象空间。《诗经》的装帧设计神似中国传统的线装书，简约朴素，用色简洁，采用秦汉先民比较流行的黑色来传达《诗经》诞生年代的形象化信息。文字和图片的视觉效果疏朗清爽，风、雅、颂三部分运用不同的纸裁特色，维持了诗歌的大量想象空间。该书曾获“世界最美的书”荣誉奖。

图 8-33《诗经》护套、封面设计

图 8-34《诗经》内页设计

图 8-35 是《多余的画——一个编辑的漫画、插图》，设计者：赵清。这是一个小开本的画册，封面设计非常淡雅、大度。运用的颜色非常朴素，灰阶的颜色与红色的主题，使人的视觉很容易就捕捉到红色书名的位置。作者用这种平淡无华的审美意识去表达一个个人的插画作品。

图 8-36 是一个先锋艺术杂志《南京评论》的封面，人物脸部特写，尤其是张开的嘴和灰白的叉寓意深刻，与文字形成强烈的对比，色彩的运用也恰到好处，有限的色彩提高了杂志的品位。

图 8-35 《多余的画》封面、内页

图 8-36 《南京评论》封面

图 8-37《落叶集》的封面封底用叶子的图案与书名相对应，设计语言简单明了，每片叶子形同色不同，统一中又有变化。

图 8-38 书籍设计者为王志弘，黑底白字，对比强烈，文字的巧妙处理使书籍封面很有设计感，也为该书蒙上了神秘的色彩，让读者发挥无限的想象空间。

图 8-37 《落叶集》封面、封底

图 8-38 王志弘书籍设计

如图 8-39 所示为台湾书籍设计师王志弘作品《恋人絮语》，在封面的上半部分加入一抹充满浪漫气息的粉红，与书籍的爱情主题相照应。

如图 8-40 所示，这套书籍在设计时将封面作为一个整体，版式相同，色调统一。

图 8-41 所示书籍是来自王志弘的作品，封面文字全部以竖排的方式，与人物的全身图片形成对应，将人物形象放置于封面，使读者在翻开书页之前获得对主人公的初步认识。

图 8-42 所示书籍的设计者为戴维，红底白字与白底红字，颜色纯净鲜明，两本书相映生辉。

图 8-39　《恋人絮语》封面

图 8-40　外国书籍设计

图 8-41　《草间弥生》封面

图 8-42　戴维书籍设计

图 8-43、8-44 所示书籍是日本著名书籍设计师杉浦康平的作品。其中图 8-43 这套书籍封面重视整体设计，主色调和文字排列的方向不变，每册的图文版式做了相应的变化，以突出主题；图 8-44 在封面设计上则利用不同国家语言文字的变换和字体的大小制造变化，整个封面对比强烈，大气而不失细节。

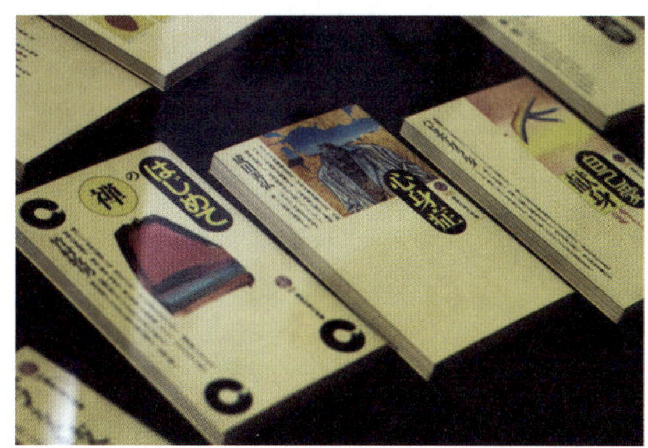

图 8-43　杉浦康平书籍设计

图 8-44　杉浦康平书籍设计

图 8-45 是由著名书籍设计师吕敬人设计的《中国记忆》。该书荣获 2008 年度“世界最美的书”美誉，书以红白两色为主要颜色，黑色的字体使用了书法体，更显中国底蕴，底色中还隐约看到中国的元素，此书的设计很有中国特色，不失为一本好的书籍装帧设计。

如图 8-46 所示，整个设计色调虽然简单，但整体感觉稳重怀旧。中间添加的小插页黑纸白字，起到了画龙点睛的作用，既与主体色调相融合，又让人联想到学生时代的黑板，醒目而不失趣味性。左侧人物形象于突兀中求突破，右侧文字的排版于无序中求创新，整个设计打破常规，创意十足。

图 8-45 《中国记忆》 设计者：吕敬人

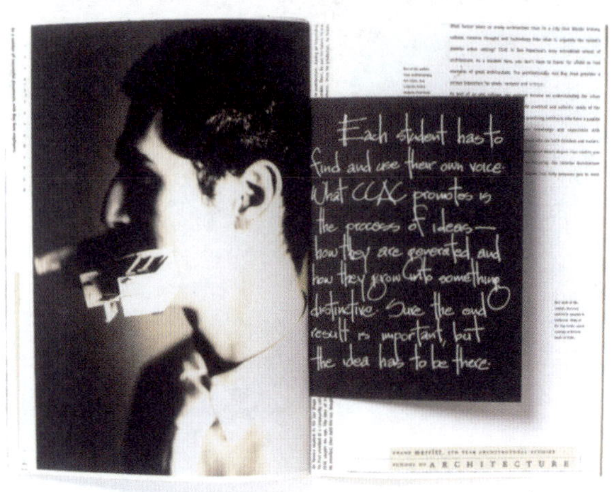

图 8-46 外国书籍创意插页设计

如图 8-47 所示，设计者：王志弘，设计风格简洁，书脊突出书名，封面文字和图片集中排列，其余则大量留白，给人以视觉上的舒缓和想象的空间。图 8-48 是王志弘为《另一种影像叙事》做的装帧设计，在色调的选取上以黑白灰为主，朴素而典雅，一张黑白照片与书名互为诠释。

图 8-47 王志弘书籍设计

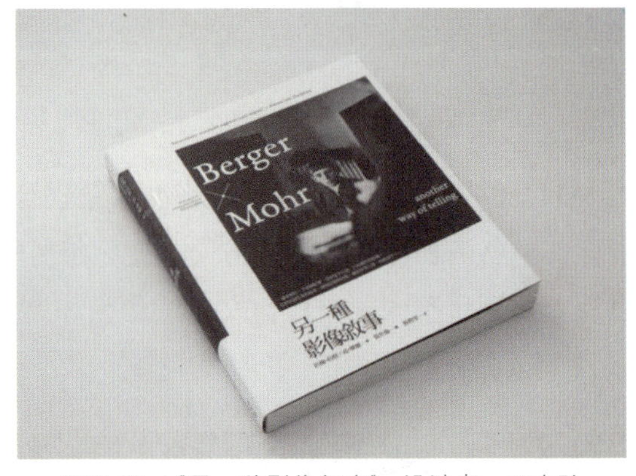

图 8-48 《另一种影像叙事》 设计者：王志弘

图 8-49 书籍设计沿用了设计师王志弘一贯的淡雅质朴之风，纯白的底色配以黑字和粉红色块，给视觉带来一丝纯净清新之感。图 8-50 是一本外国书籍的内页设计，蓝底白字，大量的空白使版面简洁、醒目。

图 8-49 王志弘书籍设计

图 8-50 外国书籍内页设计

如图 8-51 所示，黑色封面文字的镂空设计，使得原本单调的外观透出鲜艳的色彩，如此创新的设计立即提升了书籍的设计感。如图 8-52 所示，整个书籍封面色调是暖暖的清新的颜色，放射性的构图设计给画面带来了动感。

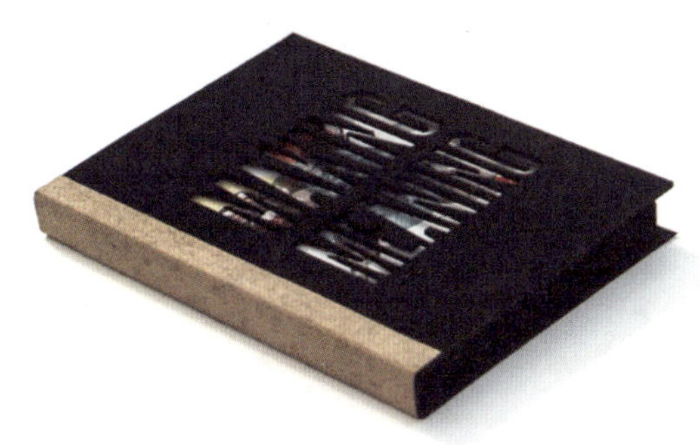

图 8-51　封面文字镂空设计

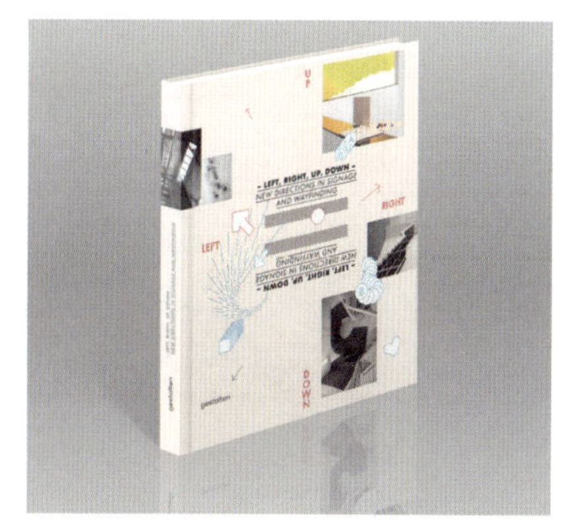

图 8-52　放射性封面构图

如图 8-53、图 8-54 所示，作为一部摄影画册，封面和内页均以黑白色调为主，文字和图片以斜线为界，封面放大的书名运用了黑白之外的蓝色，既夺目又凝重，黑白照片给人以老电影的怀旧和追忆之感，整体设计统一协调。

图 8-53　外国摄影画册封面

图 8-54　外国摄影画册内页构图

如图 8-55、图 8-56 所示，这套书籍封面采用双层设计，上层封面以醒目的红白搭配为主，版面简洁明了，又考虑到了书籍摆放问题，怎样摆放都美观工整。

图 8-55　外国书籍封面设计

图 8-56　外国书籍书脊设计

如图 8-57 所示，这套书籍在设计时将封面作为一个整体，版式相同，变化色彩和中心头像，使系列性得以体现。成套的书籍设计最关键的是把握住整体，让每本书之间既有联系又不雷同。

图 8-57　外国丛书封面设计

如图 8-58 所示，在《伊朗与美国》的封面上首先映入眼帘的就是美国的标志性建筑——美国自由女神像，女神像背后便是伊朗建筑的特色风情，封面下面的插图是美国白宫。封面在图像上传达出了图书的名称——《伊朗与美国》。同时封面设计的整体背景与政治类图书的设计风格相一致。如图 8-59 所示，在图书的封底上面是美国与伊朗的领域版图，同时附上了文字的简介，强调了书中所要传达的伊朗与美国之间的主要矛盾，起到吸引读者的作用。

图 8-58 《伊朗与美国》封面设计

图 8-59 《伊朗与美国》封底设计

如图 8-60 所示，封面设计整洁划一，以形成秩序美和韵律美，运用天然散点的构图，活泼多变，散而稳定，变化有序。

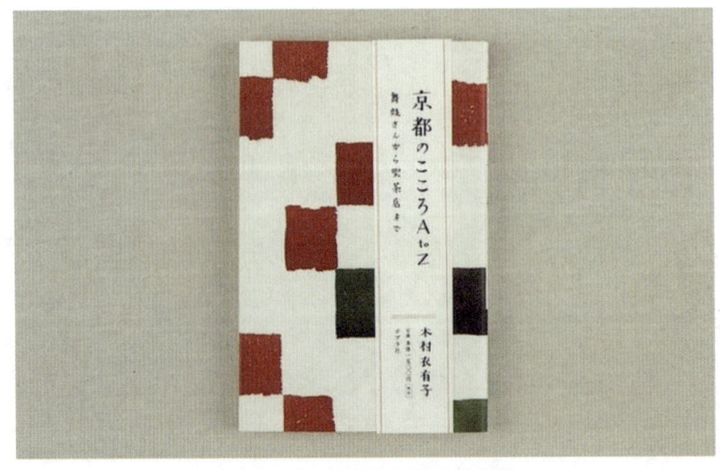

图 8-60　日本清淡和风书籍设计

如图 8-61 至图 8-63 所示，日本清淡和风的书籍颜色大多温馨、淡雅，封面干净，除书名、作者等无多余文字，书名、作者配纯色背景，集中排列在封面某一恰当位置。

图 8-61　日本清淡和风书籍设计

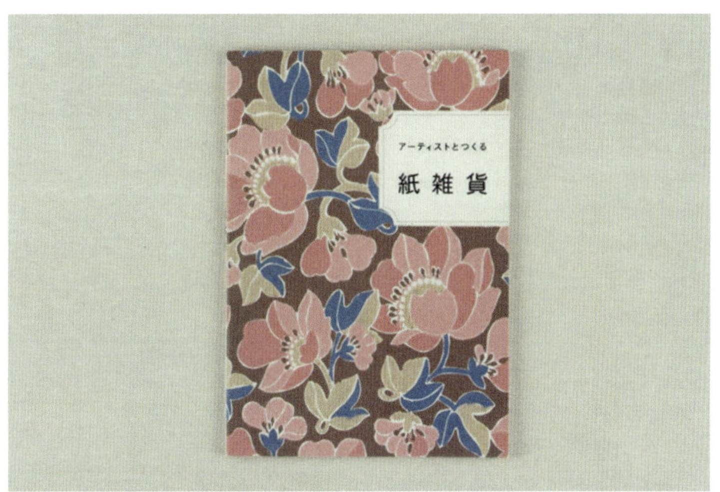

图 8-62　日本清淡和风书籍设计

图 8-63　日本清淡和风书籍设计

如图 8-64 至图 8-66 所示，环衬是一幅干净简单的图画，配以文字构成，整体色调与封面一致。

图 8-64　日本清淡和风精装书环衬设计

图 8-65　日本清淡和风精装书环衬设计

图 8-66　日本清淡和风精装书环衬设计

如图 8-67、图 8-68 所示，函套上的图案与内容一致，或者采用与内容相关的材质，使书籍显得有趣，更有收藏价值。整体画面符合封面装饰的构成。

图 8-67　日本清淡和风书籍设计

图 8-68　日本清淡和风书籍设计

如图 8-69 所示，日本清淡和风的书籍大多以简单的图案为外封，不加任何文字，把书名等信息以腰封的形式，包裹住封面，整体看上去清新、干净、单纯。

图 8-69　日本清淡和风书籍设计

如图 8-70 所示，封面设计采用中心式排版，运用体现欢乐喜庆的红色。图形运用剪纸的形式，传达民族特色。

图 8-70　日本清淡和风书籍设计

如图 8-71 所示，封面设计最大的特点是图形采用棉质，很具立体感。

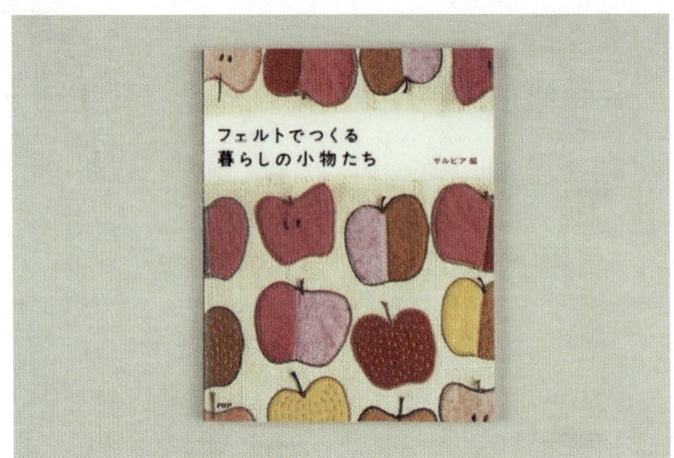

图 8-71　日本清淡和风书籍设计

如图 8-72、图 8-73 所示，封面画面采用插画的形式，能够充分说明故事内容。颜色纯净、简洁而不失风趣，排版有序而规整。

如图 8-74 至图 8-76 所示，封面版式采用上下分割的形式。画面干净整洁，简洁而富有内涵。颜色明亮，对比强烈。

图 8-72　日本清淡和风书籍设计

图 8-73　日本清淡和风书籍设计

图 8-74　日本清淡和风书籍设计

图 8-75　日本清淡和风书籍设计

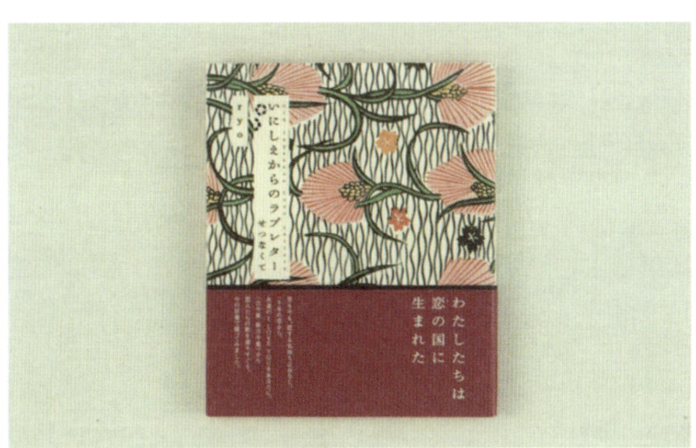

图 8-76　日本清淡和风书籍设计

8.2　经济与科技类书籍

如图 8-77 所示，《量子危机》一书以信封式设计，衬以灰色背景，给人一种极端神秘的感觉。

图 8-78 书籍作品中多种形象的使用增加了书籍本身的广度及深度空间，组合方式及色彩、文字的变化均体现出工具书的特点——全面且权威。

图 8-77　《量子危机》封面设计：灰色带来神秘感

图 8-78　外国工具书封面设计

如图 8-79、图 8-80 所示，《漫游：建筑体验与文学想象》（中英双语版）一书的设计者为马惠敏、郭成城。封面设计采用中国古代线装形式，简洁明快，同时富有时尚感；柔软性的纸质，色彩自然，富有层次；版式新颖，建筑照片与草图交相辉映，意趣横生，创意彰显。该书曾荣获 2011 年“世界最美的书”荣誉奖。

图 8-79 《漫游：建筑体验与文学想象》

图 8-80 《漫游：建筑体验与文学想象》内页

如图 8-81 至图 8-83 所示，《文明的危机》的装帧设计符合政治经济类图书的性质，传达出了书的主旨内涵。图书在设计排版上清晰明了，给读者一个清晰的概念。图书的封面和封底的设计既包含了现代社会的高楼大厦，同时又以暗色对比色调凸显了隐藏在现代文明下的危机感，与书的主旨相呼应。

图 8-81 《文明的危机》封面

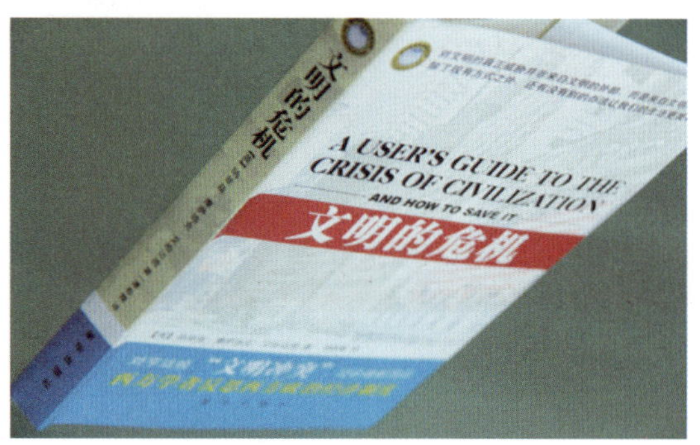

图 8-82 《文明的危机》封面、书脊

图 8-83 《文明的危机》封底

如图 8-84 所示是一本外国经济类杂志的内页展示，杂志以黑、白、绿作为版块的分界，内页图文并茂，清晰明了。

图 8-84　外国经济类杂志设计

如图 8-85 至图 8-88 所示，《价值投机与风险控制》一书的封面设计充满了浓重的商业特色，封面是一个人驻立在建筑物的顶端，在他的旁边便是一些金融商厦，传达了站在金融顶端看世界的含义。书籍的排版设计符合经济类图书的特色。金色的书面颜色鲜明地表达了经济的含义，吸引广大金融爱

图 8-85　《价值投机与风险控制》书脊

图 8-86　《价值投机与风险控制》封面

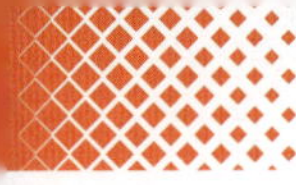

好者前来阅读。书籍封面上突出的铅笔设计蕴含了智慧的灵动，将作者的智慧都书写到这本书中，使这本书具有更深的知识价值感，只要阅读这本书就会获得丰富的财经知识。

图 8-87 《价值投机与风险控制》内页文字

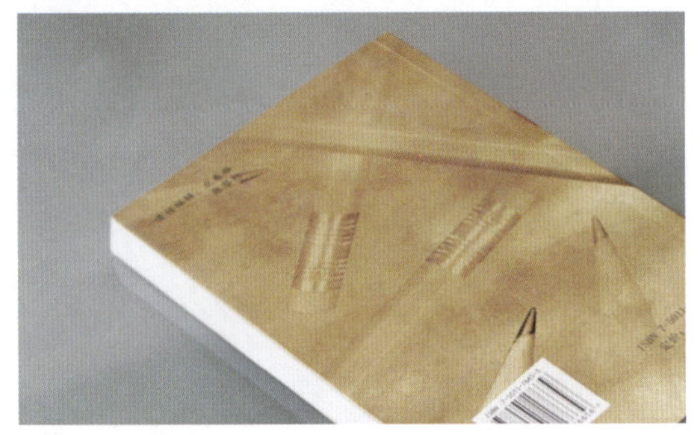

图 8-88 《价值投机与风险控制》封底

如图 8-89 所示，两本宣传册开本一大一小，封面背景一黑一白，封面文字一左一右，富有对称性，封面设计简洁明了，使得作为同系列的两本册子在设计感上相得益彰。

图 8-90 是一本品牌宣传册，封面采用品牌标志重复排布作为大背景，简单的元素按一定规律重复排列，使整个版面形成一种节奏感，增强了形象的感染力，也加深了品牌辨识度。

图 8-89 商业宣传册

图 8-90 企业品牌宣传册

如图 8-91 至图 8-101 所示是《The Visual Miscellaneum》的装帧设计，书中用色彩斑斓的图表和文字代替枯燥无味的数据，用实例证明，在现在这样一个快节奏的社会，人们每天接受的信息量非常之大，图表可视化已经成了未来设计的一个方向。

图 8-91 《The Visual Miscellaneum》封面

图 8-92 《The Visual Miscellaneum》扉页

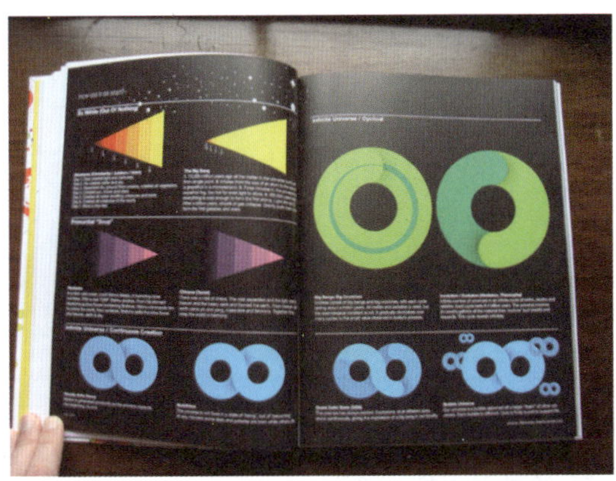

图 8-93　《The Visual Miscellaneum》图表设计

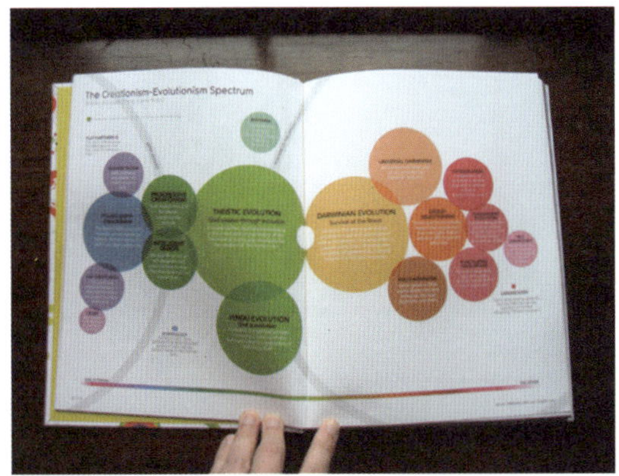

图 8-94　《The Visual Miscellaneum》图表设计

图 8-95　《The Visual Miscellaneum》图表设计

图 8-96　《The Visual Miscellaneum》图表设计

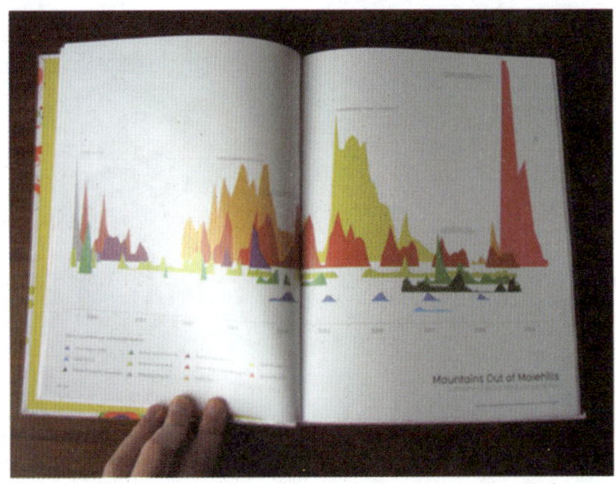

图 8-97　《The Visual Miscellaneum》图表设计

图 8-98　《The Visual Miscellaneum》图表设计

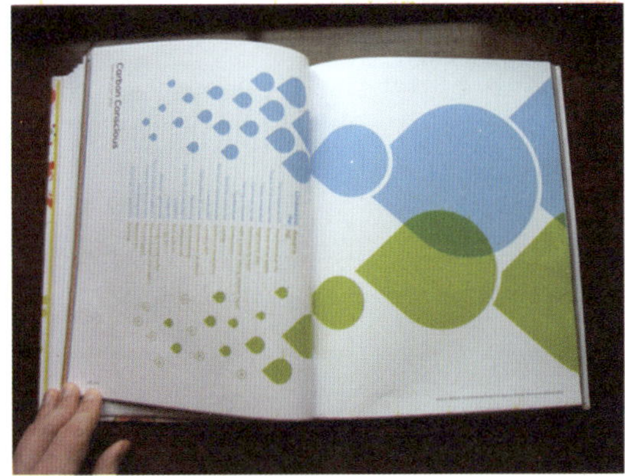

图 8-99　《The Visual Miscellaneum》图表设计

图 8-100　《The Visual Miscellaneum》图表设计

图 8-101 《The Visual Miscellaneum》封底

8.3 期刊杂志类书籍

如图 8-102 所示，《ling》杂志封面给人的第一感觉是很舒服，图片的色彩视觉感占主导因素，冷暖对比柔和清新；标题字体的设计活泼大气，有灵动性，带动了整个画面的动态感；几个小标排版统一规范。

图 8-103 是一本杂志的内页，图片如不规则的圆形窗口般环绕在文字周围，简单而随性。

图 8-102 《ling》杂志封面

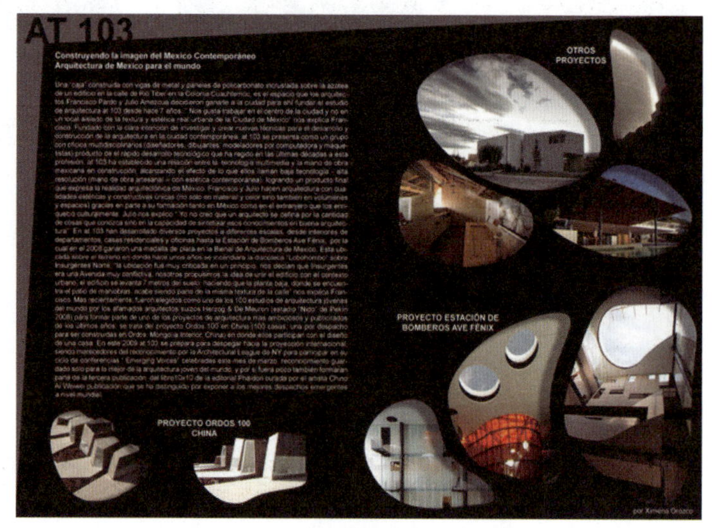

图 8-103 外国期刊杂志版式设计

如图 8-104 所示，该设计整体风格清新复古，简洁朴素而不失淡雅高贵，颜色对比突出，显示出设计者匠心独运、格高调雅，符合现代女性的阅读需求。

图 8-105 的杂志内页设计独具匠心，图片占了很大篇幅，以突出主题形象，与文字块形成强与弱的对比。

如图 8-106 所示，层次感无所不在地体现于版面的每个角落，通栏的大照片冲击着读者的视觉，字体的变换增加了版面的精致感，正文和图片的交错排列使这个旅行版看起来轻松醒目。

如图 8-107 所示，做旧的印记增添了历史厚重感，中间位置放大的标题采用红白两色，提示性强，带来强烈的视觉冲击力，大量黑色及红色的色彩使用展现出书籍的风格。

图 8-104　外国期刊杂志版式设计

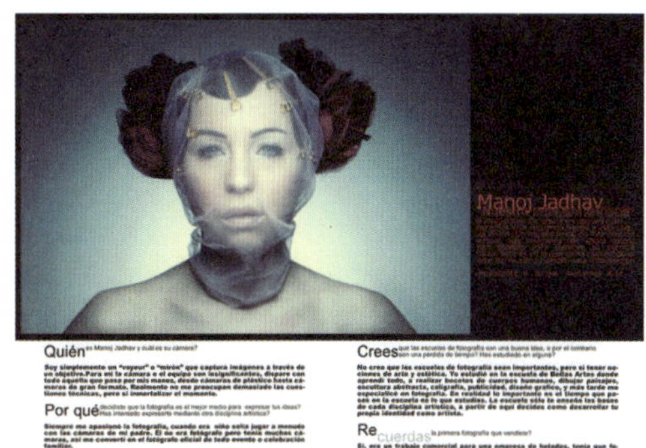

图 8-105　外国期刊杂志版式设计

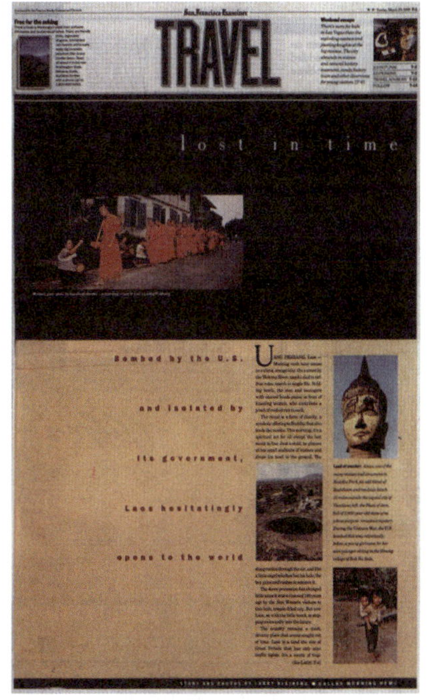

图 8-106　外国期刊杂志版式设计

图 8-107　外国期刊杂志版式设计

如图 8-108 所示，这份杂志的风格简洁、大方，显得比较干净。跨版的大照片气势磅礴，标题、图片的处理很巧妙，版面安排均衡有序。

图 8-108　外国期刊杂志版式设计

如图 8-109 所示，杂志整版的文字形成静态的平面，用图片版来打破整体的平淡，在版面中，图片是比较积极的表现元素。

如图 8-110 所示，杂志的排版冷暖对比柔和清新，风格唯美，符合大众女性需求。

图 8-109　外国期刊杂志版式设计

图 8-110　外国期刊杂志版式设计

如图 8-111 所示，杂志在连续的两内页中以红、蓝、白三色平行分割，给人以工整、简洁、醒目的感觉，大量的空白给读者留下了想象的空间。

如图 8-112 所示，杂志内文设计严谨，字距、行距符合常规，各个设计中规中距。

图 8-111　外国期刊杂志版式设计

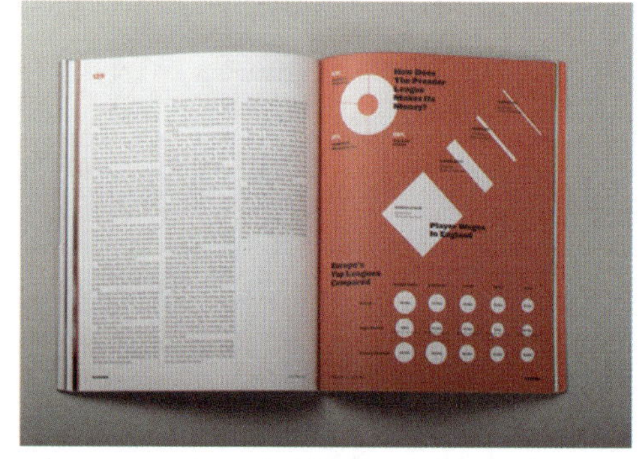

图 8-112　外国期刊杂志版式设计

如图 8-113 所示，杂志内页采用了红蓝这两种极暖和极冷的颜色，并添加了条纹的元素，使整个设计简洁明快，具有灵动性。

如图 8-114 所示，杂志在内页设计上以饱满的人物近景镜头，柔和的色调使杂志的风格得到极强的表现，也拉近了读者与杂志的距离，提高了杂志的品位。

图 8-113　外国期刊杂志版式设计

图 8-114　外国期刊杂志版式设计

如图 8-115 至图 8-117 所示，杂志采用最常见的两栏分隔内文，图文并茂，清晰立体。

图 8-118 中以几个简单的几何图形和几行文字支撑起封面构图，大量留白，使整个版式简单整洁，无繁冗之感。

图 8-119 中杂志正文的版式大胆地使用了空白，线条的使用恰到好处。

如图 8-120 所示，内页图文的排布很有特点，图片的排列形成了一种节奏，与文字错落有致，使设计不落俗套。

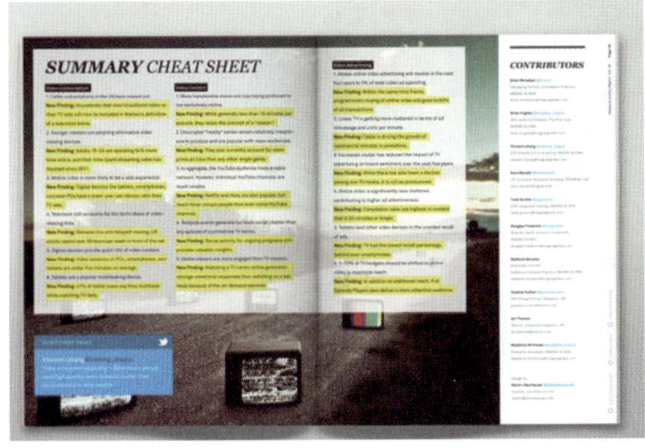

图 8-115　外国期刊杂志版式设计

图 8-116　外国期刊杂志版式设计

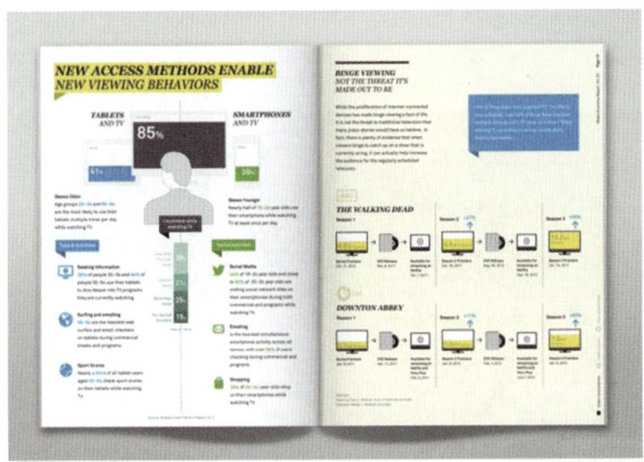

图 8-117　外国期刊杂志版式设计

图 8-118　外国期刊杂志版式设计

图 8-119　外国期刊杂志版式设计

图 8-120　外国期刊杂志版式设计

如图 8-121 所示，杂志版面是旋转对称的设计，既美观又不失动感，排版统一规范。

图 8-121　杂志旋转对称版式设计

如图 8-122 所示，以杂志中部连续的两个内页为界，将书籍划分成两个部分，采用了文字方向相反的设计方式，一般用于书籍中的版块划分。

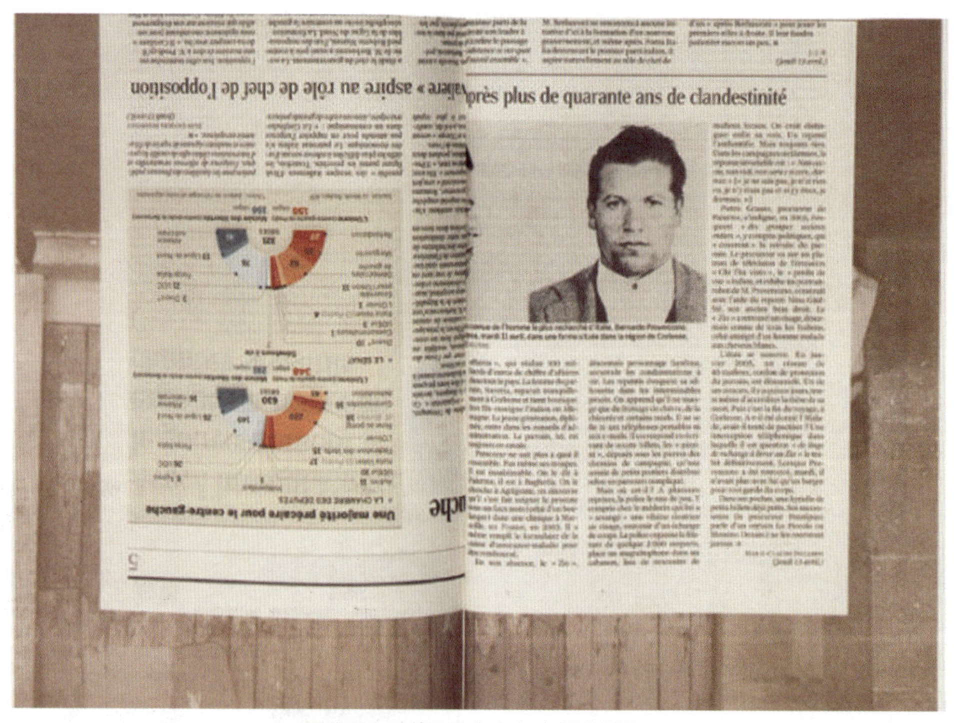

图 8-122　利用图文方向来划分版块

如图 8-123 至图 8-125 所示，英国平面设计杂志《Eye》的装帧设计，采用明色调给人以明朗而清澈、大方而爽快的感觉，体现出其适合大众品位的书籍设计风格。

图 8-123 《Eye》杂志设计

图 8-124 《Eye》杂志设计

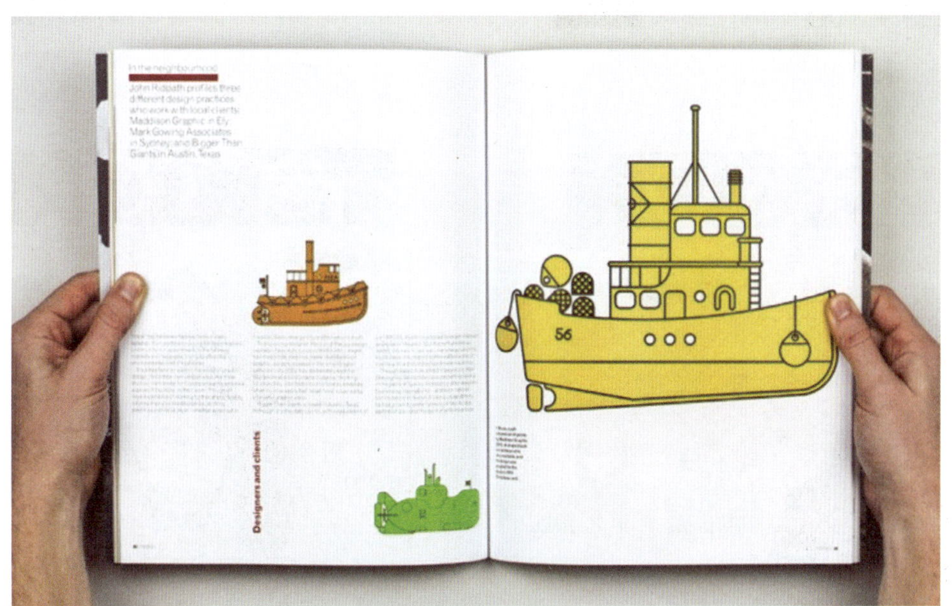

图 8-125 《Eye》杂志设计

如图 8-126、图 8-127 所示，极富设计味的形式语言为《Eye》杂志营造出一种轻松、愉悦、悠闲、活泼的基调，以自身别具一格的装帧设计而受人青睐。

图 8-126 《Eye》杂志设计

图 8-127 《Eye》杂志设计

如图 8-128 至图 8-135 所示，《Tokion》杂志设计“杂而不乱”，插图的多样性、内容的综合性与包容性、装饰的随机性，彰显出期刊杂志独具个性与特色的设计语言和表现形式。

图 8-128 《Tokion》杂志封面设计

图 8-129 《Tokion》杂志封面设计

图 8-130 《Tokion》杂志封面设计

图 8-131 《Tokion》杂志封面设计

图 8-132 《Tokion》杂志内页设计

图 8-133 《Tokion》杂志内页设计

图 8-134 《Tokion》杂志内页设计　　图 8-135 《Tokion》杂志内页设计

8.4　幼儿、少儿类书籍

如图 8-136 至图 8-140 所示，儿童书籍在色彩的运用上大多以红、黄、蓝等鲜艳夺目的色彩为主，画面整体明亮、鲜艳，给人以活泼、跳跃、分外醒目之感，凸显健康与活力。

图 8-136　外国少儿书籍设计

图 8-137　Elzbieta Chojna 设计作品

图 8-138　Elzbieta Chojna 设计作品

图 8-139　少儿书籍封面设计

图 8-140　少儿书籍插画 设计者：Tad Carpenter

如图 8-141 至图 8-144 所示书籍，突出体现儿童书籍设计的游戏性特点，打破书籍的“呆板”、“沉默”，在书籍设计中注入幽默性、互动性元素，使孩子从书籍中得到快乐，在快乐中“游戏”，在“游戏”中增长知识。

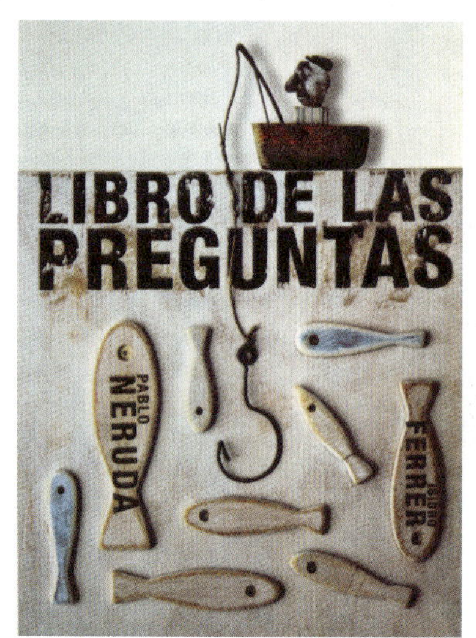

图 8-141　外国儿童书籍装帧

图 8-142　少儿书籍插画 设计者：Tad Carpenter

图 8-143　外国儿童书籍装帧

图 8-144　外国儿童书籍装帧

如图 8-145 所示，采用拟人化手法，使小动物会讲人类的语言，激励小朋友一同学习进步。

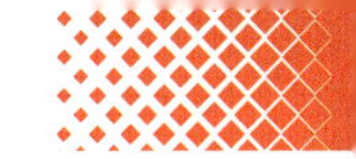

图 8-145　外国儿童书籍装帧

如图 8-146 至图 8-149 所示少儿书籍装帧，采用拟人化手法，使小木偶、小玩具、小动物同小朋友一起玩耍，与儿童产生共鸣。

图 8-146　外国少儿书籍装帧

图 8-147　插画设计 设计者：Tad Carpenter

图 8-148　《暖房子绘本馆之我有……梦》内页

图 8-149　《暖房子绘本馆之我有……梦》内页

如图 8-150 所示，将抽象的卡通图像穿插于文字中，图片似乎成了整个内页最吸睛的主体，无论是颜色的运用还是形象的刻画，无不透露着天真诙谐之趣，是表现儿童题材的常用方式。

Eva Armisen

aquí estoy

Empecé a pintar por timidez, la pintura era una forma de expresar lo que llevaba dentro.

¿Háblanos en general de tu trayectoria profesional.

Vine de Zaragoza a Barcelona a estudiar Bellas Artes. Estudié parte de la carrera en Amsterdam y cuando acabé empecé a hacer exposiciones en salas de bancos, centros culturales, bares... donde podía. Durante un tiempo combiné las exposiciones con el doctorado hasta que en 1995 fui por primera vez a ARCO con la galería Zaragoza Gráfica. Creo que fué un momento decisivo. Allí contacté con varias galerías nacionales y extranjeras y empecé a poder vivir de la pintura. Siempre he pensado que he tenido mucha suerte. En aquel momento conocí a gente que supo proyectar mi trabajo y creyó en mí. Desde entonces no he parado de trabajar muchísimo y una cosa me ha ido llevando a otra.

¿Cuando nació en tí la afición al dibujo?

He pintado desde siempre... Creo que empecé a pintar por timidez, la pintura era una forma de expresar lo que llevaba dentro, de comunicarme, de cambiar lo que no me gustaba.

¿Has hecho algún trabajo de cómic? te gustaría?

Nunca he hecho cómics pero siempre me he sentido muy cercana. Mi pintura es muy narrativa y casi siempre el texto tiene un papel protagonista.

Actualmente estoy acabando mi primer libro para niños. Se presentará en diciembre. "¿Qué me está pasando?" es el título. Es un libro-disco que edita Mondadori y que estoy haciendo en colaboración con Marc Parrot. Habla de los sentimientos y está siendo muy interesante trabajar en este proyecto.

Paralelamente también tengo una web "http://www.losarmisen.com" que está muy cercana al cómic y que como proyecto crece cada día más. Se basa en las aventuras de una familia. Nos planteamos hacer libros o quizás una serie de animación con ellos.

¿Qué es ilustrar para tí?

Es muy diferente de pintar. Es tener un encargo, reforzar un texto y darle otra dimensión que quizás no aparece en la parte escrita. Me encanta ilustrar, me relaja. No siento la presión de hacerlo todo sola. Puedes partir de mundos que ha creado otra persona y eso me fascina y me enriquece.

¿Que artistas te han influenciado?

Muchos. Creo que más hace años que ahora. Pero la lista es muy larga. Picasso, Mogdiliani, Matisse, Basquiat, Baselitz, Yoshimoto Nara, Helena Almeida...

No acabaría. Tengo influencias de todo lo que veo. Me gusta tener los ojos bien abiertos.

图 8-150　外国少儿期刊版式设计

如图 8-151 至图 8-153 所示的设计运用夸张的手法，强化了主题形象性，使主题更突出，形象更生动。

图 8-151　外国少儿书籍装帧

图 8-152　插画设计 设计者：Tad Carpenter

图 8-153　插画设计 设计者：Tad Carpenter

如图 8-154 所示，《快乐之旅》在封面设计上采用明快的色调，图片的选取很有地域性特征，作为一套旅行题材的儿童书籍一定会引起小朋友的阅读兴趣和对旅行的向往。

图 8-154　《快乐之旅》封面设计

如图 8-155 至图 8-157 所示，在扉页和正文页的设计上风格统一，书籍的主题形象鲜明生动，彰显旅行题材书籍的风格特色。

图 8-155　《快乐之旅》扉页设计

图 8-156　《快乐之旅》正文页设计

图 8-157 《快乐之旅》正文页设计

如图 8-158 至图 8-160 所示书籍装帧，在色彩的选取上明亮鲜艳，针对儿童设计采用卡通图像，凸显书籍特点。图 8-158 的封面版式采用左右分割的形式。

图 8-158 日本清淡和风儿童书籍装帧

图 8-159 日本清淡和风儿童书籍装帧

图 8-160 日本清淡和风儿童书籍装帧

儿童书的书籍封面设计都凸显生动，比较吸引小朋友的阅读兴趣。如图 8-161、图 8-162 所示为美国插画师、设计师 Tad Carpenter 的作品。

图 8-161　Tad Carpenter 封面设计作品

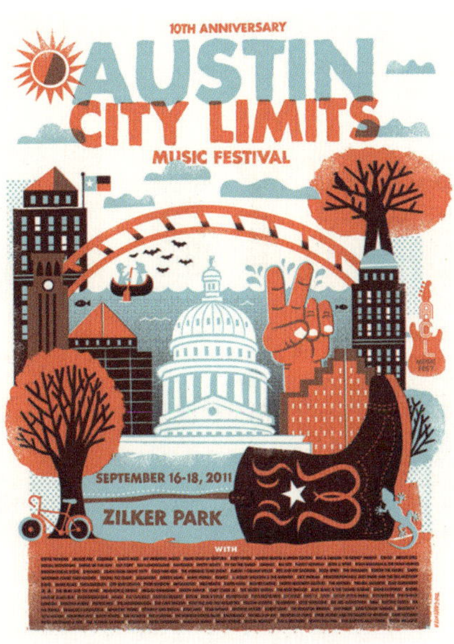

图 8-162　Tad Carpenter 封面设计作品

正如其他书籍封面设计一样，儿童书籍封面设计也是以视觉形象的形式，实现和完成作者对于读者的一种给予。如图 8-163 至图 8-166 所示，书籍封面以卡通画的形象给予读者书中主人公的神态，浅显易懂，比较容易吸引儿童的视觉。

图 8-163　《奇怪岛上的奇怪狗》封面

图 8-164　《暖房子绘本馆之冰雪公主》封面

图 8-165　《我是爸爸》封面

图 8-166　《我的布熊》封面

如图 8-167 至图 8-169 所示是《米菲兔》系列书籍的封面设计，作为面向婴幼儿阶段的书籍在图画的处理上，形状简单、直观，颜色饱和、鲜艳。

图 8-167 《米菲兔》封面

图 8-168 《米菲的梦》封面

图 8-169 《米菲过生日》封面

如图 8-170 至图 8-172 所示，《下雪天》作为一本幼儿阶段的书籍，在插图的设计上形象具体，有一定的空间感，颜色饱和鲜艳。

图 8-170 《下雪天》插图

图 8-171 《下雪天》插图

图 8-172 《下雪天》插图

如图 8-173 至图 8-175 所示，少儿立体书不再局限于普通书籍二维的图文排版，而是以立体的形式更形象更逼真地展现故事，提高儿童的阅读兴趣，培养形象思维能力。

图 8-173 少儿立体书装帧设计

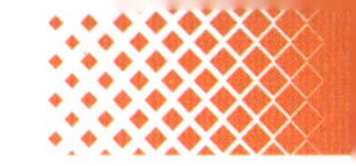

图 8-174　少儿立体书装帧设计

图 8-175　少儿立体书装帧设计

如图 8-176 至图 8-185 所示，名为“可以‘撕烂’的书”，定义为书，却又打着可以“撕烂”的名号，源自法国工作室 Sunkyung Kim 设计的一本名为 “Zoo in my hand”动物剪影书。这本书每一页上都印

图 8-176　可以“撕烂”的书

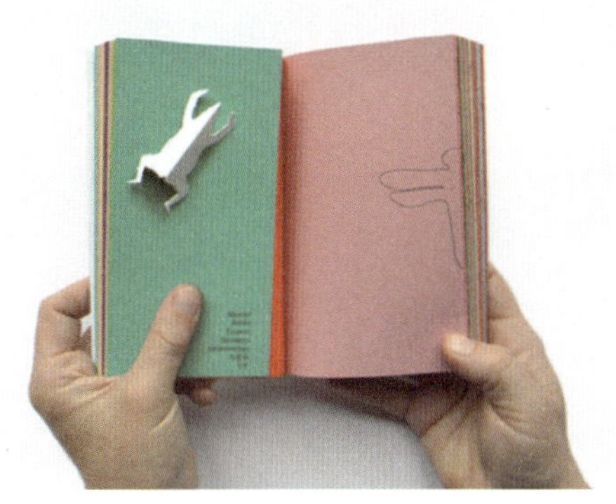
图 8-177　可以“撕烂”的书

着一种动物与相关介绍，你可以沿着动物的轮廓将其剪下，再稍微折叠一下，就变成了能站立的各种小动物。40 页的书共“隐藏”了 20 只小动物。书中的空白剪影既不影响阅读，同样也充满创意。让孩子手脑并用，在指掌间创变一个多彩动物园。

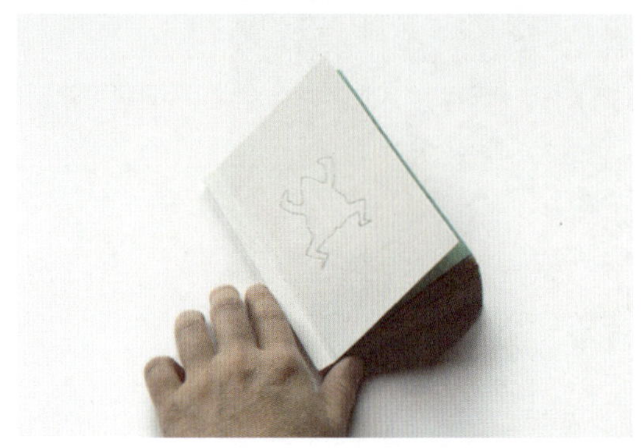
图 8-178　可以“撕烂”的书

图 8-179　可以“撕烂”的书

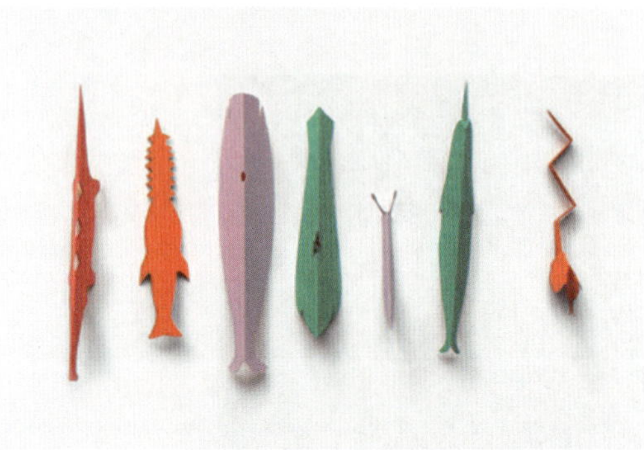
图 8-180　可以“撕烂”的书

图 8-181　可以“撕烂”的书

图 8-182　可以“撕烂”的书

图 8-183　可以“撕烂”的书

图 8-184　可以“撕烂”的书

图 8-185　可以“撕烂”的书

8.5　创意类书籍

如图 8-186 至图 8-190 所展示的是一套极具视觉冲击力的创意书籍设计。首先，设计师采用了鲜艳而多亮色的封面，并运用了对比衬托的手法。其次，抛弃了传统的粘合书页的方式，而采用了古书常用的线缝合方法来装订书籍，粗粗的黑线在书本上显得特别醒目，更加剧了视觉冲击力。最后，设计师用了一层厚厚的镂空牛皮纸作为装饰和宣传，牛皮纸在亮色封面的映衬下显示出丰富的层次感，同时大大的镂空 LOGO 与底色的搭配很抢眼，让人一眼就会记住这套系列书籍，堪称绝妙的设计。

图 8-186　外国创意书籍装帧

图 8-187　外国创意书籍装帧

图 8-188　外国创意书籍装帧

图 8-189　外国创意书籍装帧

图 8-190　外国创意书籍装帧

如图 8-191 所示是《亲爱的宝宝》一书，设计者：陈楠。这是一本父亲写给子女的杂文，因为是书信的形式，所以整个外装上是一封信的样子。该书曾获得“中国最美的书”荣誉。

如图 8-192 所示，《落红妆》的设计以大红色为底色，别致而古典的折页方式是从红木家具中得到的灵感。用精致的细小纹理装饰边缘，以雨中飞燕作为点缀，让此书在同类书中显得颇为特别。内封亦是大红色，层层叠叠，古意盎然。

图 8-191 《亲爱的宝宝》书籍装帧 设计者：陈楠

图 8-192 《落红妆》书籍装帧

如图 8-193 所示，书脊是封面设计的体现，尤其在厚厚的书籍上，表现独具一面。其装订方式十分特别，书脊裸露在外，而封面采用凹凸版工艺，强调封面的质感手感，十分别致，夺人眼球。

如图 8-194 所示，书籍分上下两册，封面材质使用古朴特别的黄檀木和血木，上册的标题采用木刻的制作工艺，麻线的装订方式，整个的效果呈现出浓浓的复古情调。

图 8-193 纸板装订

图 8-194 贵重木材做封面

如图 8-195 所示是阿迪达斯和 Def Jam 录音行合作本，是由阿迪达斯和 Roundhouse 媒体公司合作推出的预览版书籍。

如图 8-196 所示，该书籍封面采用简洁的类信封设计，创意十足。

图 8-195 《阿迪达斯的奉献》创意书

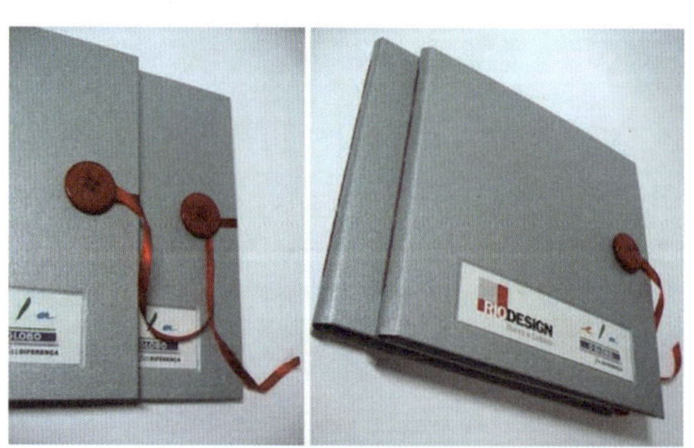

图 8-196 信封式封面

如图 8-197 所示是法国时尚摄影师 Gerard Uferas 的摄影图集。这本书的设计较复杂，外部的护封设计元素采用 19 世纪西方古代女人束于腰部的带子，丝带打了两个漂亮的蝴蝶结，打开书本，里面浅绿色的花纹十分精美。

如图 8-198 所示是一类基于 Emigré Foundry 的“Solex”字体族的样本书，设计带有专业的间谍式形象概念。

图 8-197　创意摄影集

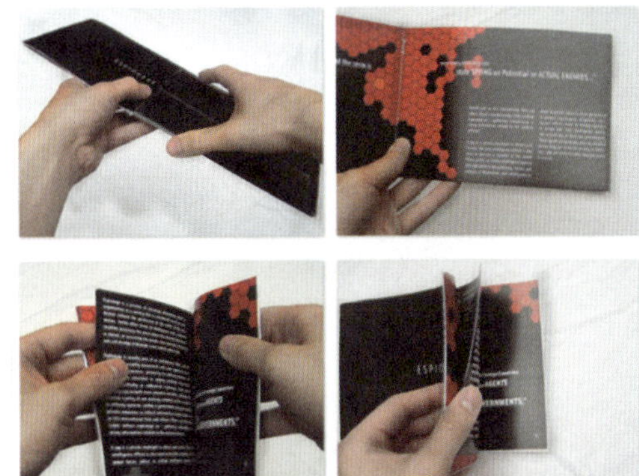

图 8-198　Solex 字体样本书

如图 8-199 所示，宣传册或画册一般会采用小开本设计，小巧简易，便于携带。

如图 8-200 所示的画册封面立体感强，“镜中”出现主题性文字，提示性强，并让人从封面的风格捕捉到画册所展现的主题元素。

图 8-199　创意画册设计

图 8-200　创意画册设计

如图 8-201 所示为木质凯尔特书籍。采用 1/8 信纸大小的硬壳封面，木头烧制的凯尔特风格设计。

如图 8-202 所示，打开精美的盒子，拉出丝带，呈现在眼前的是一块四四方方的抹茶蛋糕，其实它是一本记事本，非常温馨别致的设计。

图 8-201　木质凯尔特书籍

图 8-202　创意记事本设计

如图 8-203 所示，此创意书籍来自意大利设计师 Davide Mottes，这是一本可视化的书，最大特点

是它的形状：两个大 F 形，选用黑白两色作为主色，醒目的排版，3D 类图形和创意摄影等完全打破传统的书的形态，更显示出它的独特与吸引之处。

如图 8-204 所示，这款设计的特别之处就是将书籍做成两只手的形态，手张开就可以阅览，有趣而特别。

图 8-203 Davide Mottes 设计作品

图 8-204 创意书籍设计

如图 8-205 所示，在包装和书籍设计上将 Magic FM 的标志与豪华旅游指南的观感融合在一起。

图 8-205 《Magic 105.4》书籍设计

如图 8-206 所示，这是款很有创意的设计，封面看起来风格质朴，书脊的位置衔置了一面可以转动的放大镜，整个效果富有创意，美观神秘，写意的手法更激发读者想要去探索它的秘密。全书的设计疏密有致，繁简得当，表现出浓厚的和谐之美。

如图 8-207 所示，《160 填字游戏》一书把填字游戏和背单词结合起来，将学习者从枯燥的死记

图 8-206 创意书籍设计

图 8-207 《160 填字游戏》书籍设计

硬背中解放出来，在游戏中不知不觉地提高词汇量，实现“在娱乐中学习，在玩耍中记忆”。本书可以一人独享，体会一个个题目被攻克的喜悦，亦可三、五好友同享，在竞争中激发学习的动力。

一本书籍上多了一只耳朵，会不会觉得好玩呢？正如图 8-208 所示，创意书籍《Agi-new Voice》的设计就在于这个独特性。简洁的封面，一只耳朵就像是书本长出来的一样，独特的设计更增添了浓浓的趣味性。

如图 8-209、图 8-210 所示，这一系列的书排在一起似乎已经让人叹为观止了，犹如一件抽象的雕塑一般，清晰地连细小的缝隙都能看得到，手工极其细致，同时又具有纵向的连续性，造成了全书视线的有序流动，书籍本身已经是一件具有很高艺术价值的工艺品了。

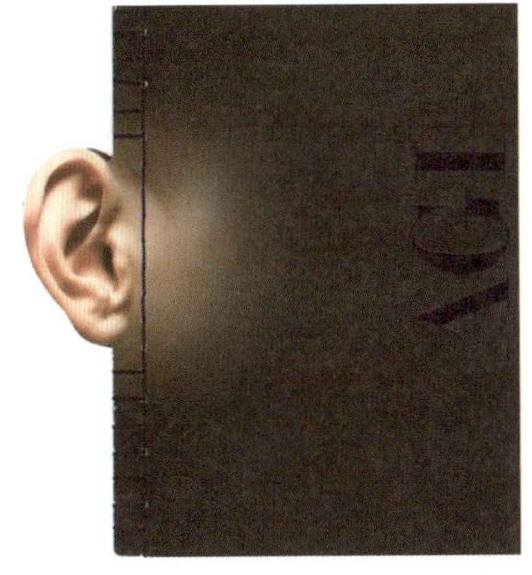

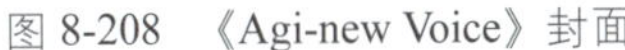
图 8-208　《Agi-new Voice》封面

图 8-209　《modern painters》

图 8-210　《modern painters》

如图 8-211、图 8-212 所示，这款设计把书里附带的一些页面可以用来拼接做成各种形状，在阅读的时候，累了不妨做个拼图游戏，也是特别好的选择。

图 8-211　创意书籍设计

图 8-212　创意书籍设计

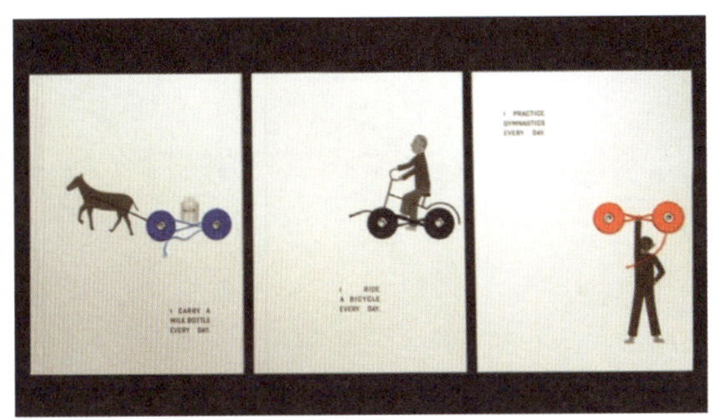
图 8-213　《听两圈一线讲故事》封面

图 8-214　《听两圈一线讲故事》书脊

如图 8-213 至图 8-216 所示，系列书籍《听两圈一线讲故事》在封面设计上，用插画与小小的线组扣组合在一起，一个系列有很多册，每两本能够组合成不一样的故事，有趣的插画更表现出其设计的独特性，为读者带来视觉与精神上的双重享受。

图 8-215 《听两圈一线讲故事》封面

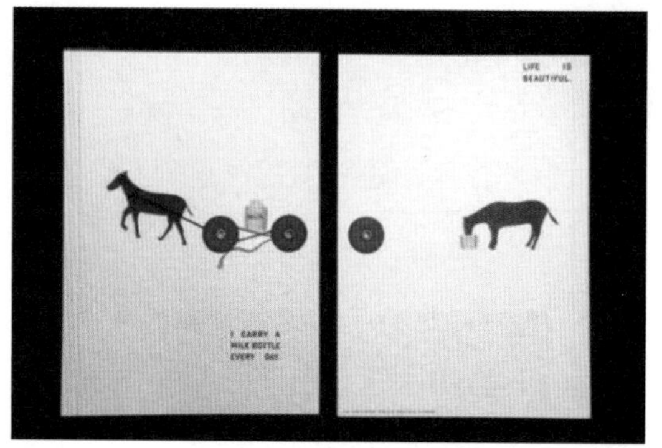

图 8-216 《听两圈一线讲故事》封面

如图 8-217 至图 8-222 所示，创意画册《Visual Language》在装订方式上采用了线装的形式，书籍以白色为主色调，从封面到内页没有一个二维图片的平铺展示，而是制作成镂空的形式来展现各种图案的排布，充满立体感和艺术性。

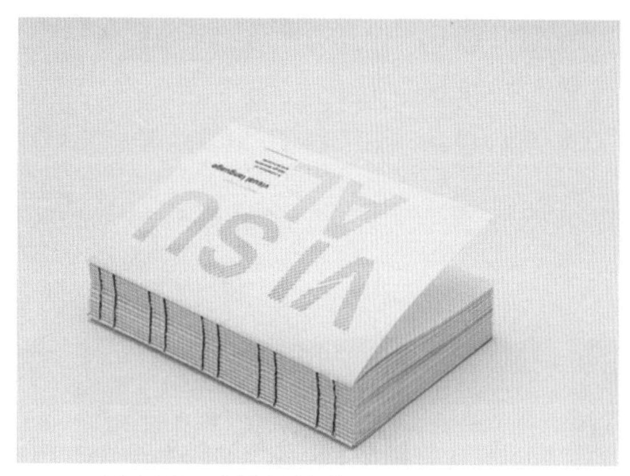

图 8-217 创意画册《Visual Language》

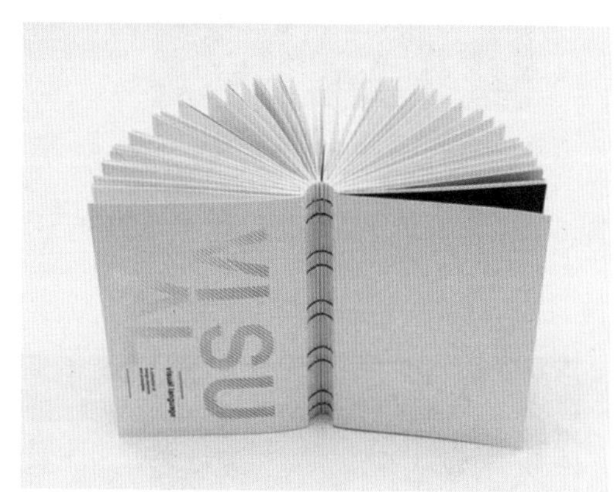

图 8-218 创意画册《Visual Language》

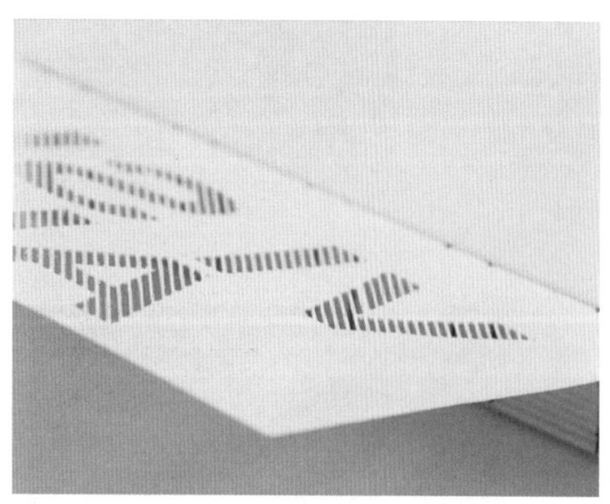

图 8-219 创意画册《Visual Language》

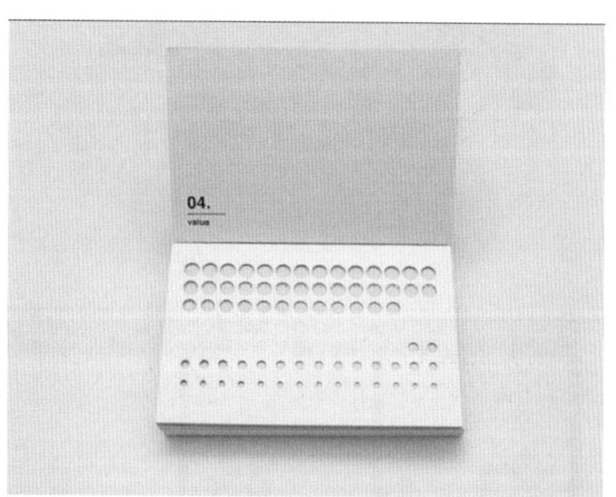

图 8-220 创意画册《Visual Language》

图 8-221　创意画册《Visual Language》

图 8-222　创意画册《Visual Language》

如图 8-223 至图 8-230 所示是来自荷兰 Trapped in Suburbia 设计工作室的实验性书籍作品，该设计的独到之处在于将书本的边缘和书脊做成了锯齿形状，使每一册书在合上之后可以作为一块拼图将这同一套系的书拼接在一起，趣味十足。

图 8-223　Trapped in Suburbia 创意书籍设计

图 8-224　Trapped in Suburbia 创意书籍设计

图 8-225　Trapped in Suburbia 创意书籍设计

图 8-226　Trapped in Suburbia 创意书籍设计

图 8-227　Trapped in Suburbia 创意书籍设计

图 8-228　Trapped in Suburbia 创意书籍设计

图 8-229 Trapped in Suburbia 创意书籍设计

图 8-230 Trapped in Suburbia 创意书籍设计

如图 8-231 至图 8-236 所示，同样是来自荷兰 Trapped in Suburbia 设计工作室的创意书籍设计，画册以橙色为基调，画册内页设计创意多变，充满动态感、立体感和趣味性，丝带的颜色与封面及书芯的色调和谐相配，统一的视觉元素为书籍带来了整体的视觉风格。

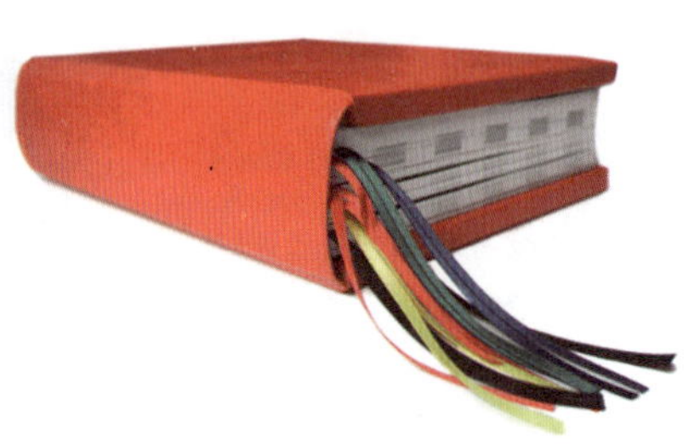
图 8-231 Trapped in Suburbia 设计作品

图 8-232 Trapped in Suburbia 设计作品

图 8-233 Trapped in Suburbia 设计作品

图 8-234 Trapped in Suburbia 设计作品

图 8-235 Trapped in Suburbia 设计作品

图 8-236 Trapped in Suburbia 设计作品

如图 8-237 至图 8-242 所示是《日光微澜》的整体设计，纯净的封面、干净的扉页，红红的丝带，纯白的内页配以镂空的图片和凸凹的文字构成了统一的视觉元素，更带来了非同一般的视觉享受，读者不仅是在阅读文本，更是在欣赏一件艺术品，经历一场关于远行、日光和爱的旅行。

图 8-237　《日光微澜》书籍设计

图 8-238　《日光微澜》书籍设计

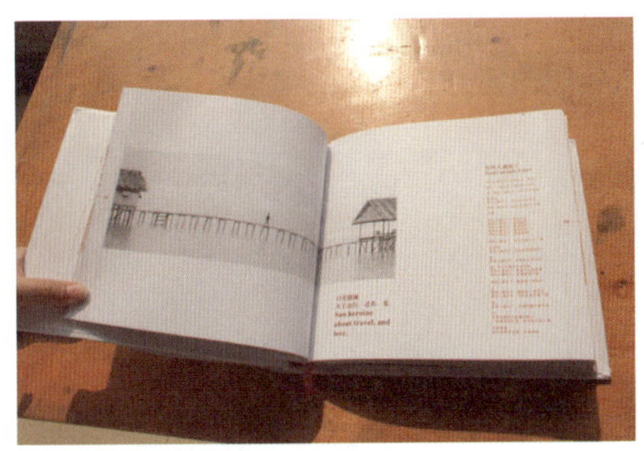

图 8-239　《日光微澜》书籍设计

图 8-240　《日光微澜》书籍设计

图 8-241　《日光微澜》书籍设计

图 8-242　《日光微澜》书籍设计

如图 8-243 至图 8-248 所示，这是电通广告与医药公司联合创作的《Mother Book（妈咪日志）》，是一本爱心笔记，书籍设计十分有趣，准妈妈们可以在这本妈咪日志中记录这特殊的 9 个月，伴随宝贝一同成长。书籍共 40 页，每页代表一周，随着页面的翻阅，肚子慢慢地扩大隆起，准妈妈们可以在日志中随意涂写，记录怀孕过程中的幸福和艰辛。这个创意设计不仅让准妈妈记录宝宝的成长，更能体现其设计的一种贴心。

图 8-243 《Mother Book》书籍设计

图 8-244 《Mother Book》书籍设计

图 8-245 《Mother Book》书籍设计

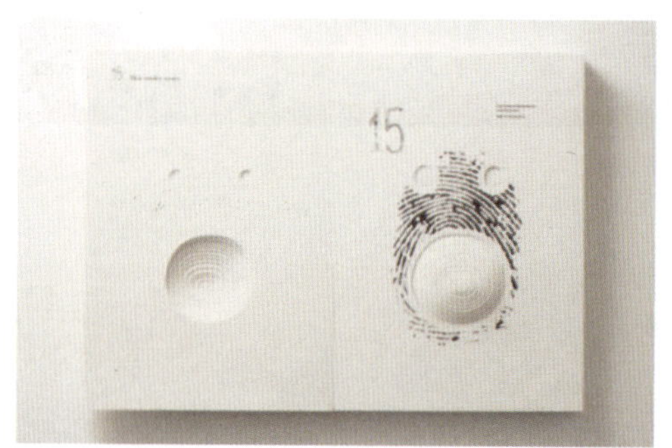

图 8-246 《Mother Book》书籍设计

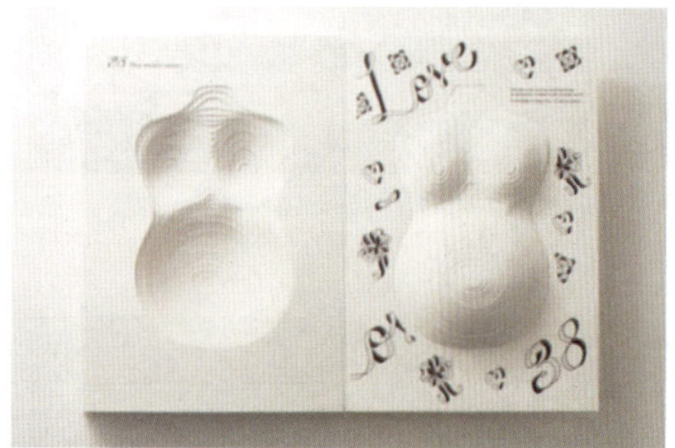

图 8-247 《Mother Book》书籍设计

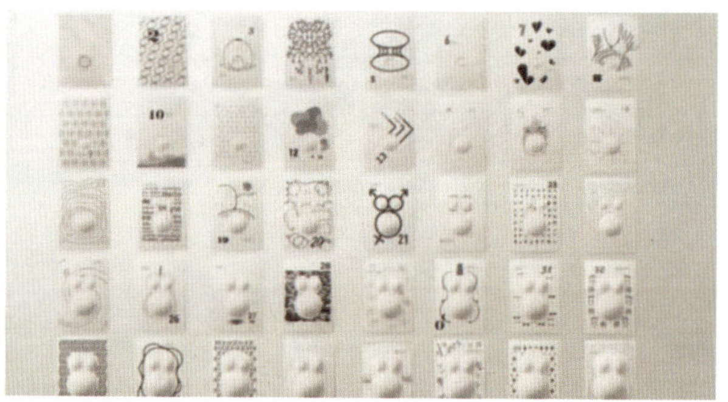

图 8-248 《Mother Book》书籍设计

如图 8-249 至图 8-255 所示是来自纽约视觉艺术学院的创意书籍设计——内页反串，一根红绳牵引，打开后组成一个类似迷宫样的形状，继而可以组成不同体积的书并将其取出，该书在设计上颠覆传统，打破常规，将内页外置，让内页成为了书籍的“脸”。设计师巧妙的设计组合让人们眼前一亮，似乎在欣赏魔术一般，不失为创意书籍中的上佳典范。

图 8-249 内页反串

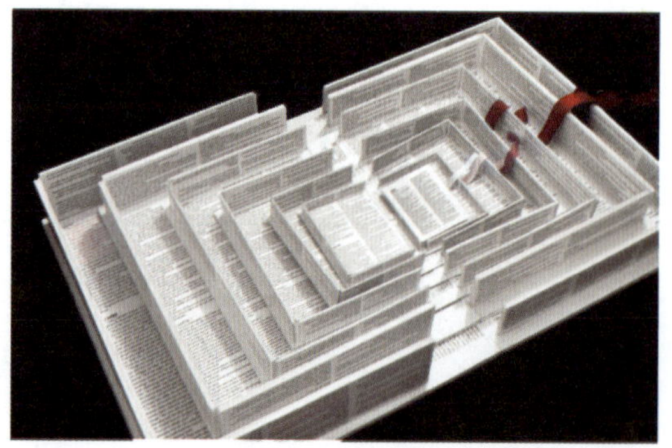

图 8-250 内页反串

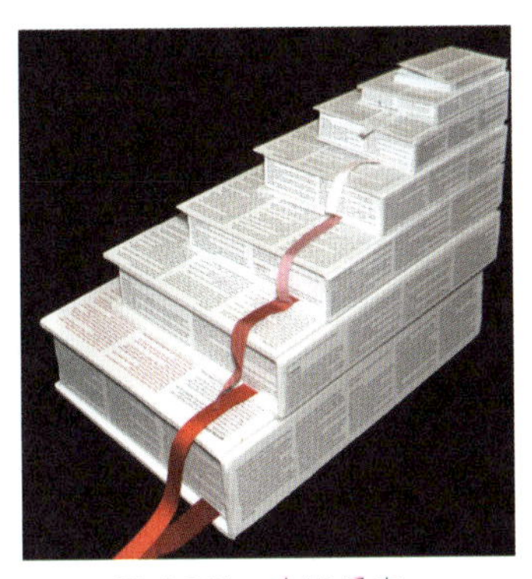

图 8-251　内页反串

图 8-252　内页反串

图 8-253　内页反串

图 8-254　内页反串

图 8-255　内页反串

如图 8-256 至图 8-263 所示书籍出自日本设计师渡边良重（Watanabe Yoshie）的绘本设计，以镂空雕刻的工艺辅以精致彩绘，在一本看似平淡无奇的书本里营造出立体的空间，真实地戒指与虚拟的场景巧妙融合，书页就这样变成了人生的舞台，如此浪漫，无怪乎被人称作“求婚书”。

图 8-256　《求婚书》装帧设计

图 8-257　《求婚书》装帧设计

图 8-258　《求婚书》装帧设计

图 8-259　《求婚书》装帧设计

图 8-260 《求婚书》装帧设计

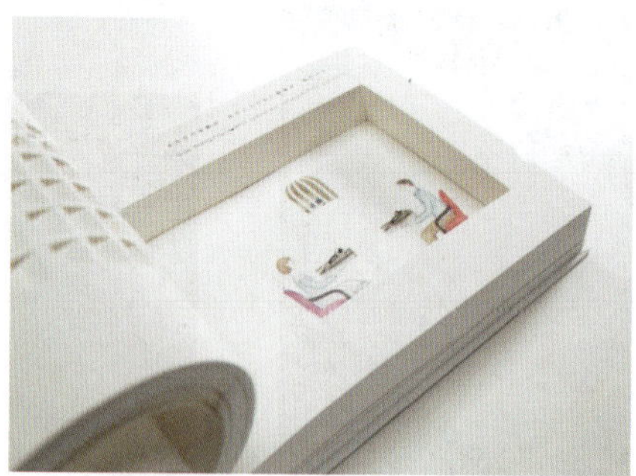
图 8-261 《求婚书》装帧设计

图 8-262 《求婚书》装帧设计

图 8-263 《求婚书》装帧设计

参考文献

[1] 刘宗红 . 书籍装帧设计 . 合肥：合肥工业大学出版社，2009.

[2] 李淑琴，吴华堂 . 书籍设计 . 北京：中国青年出版社，2010.

[3] 王同旭，冀德玉等 . 书籍装帧 . 北京：中国林业出版社，北京希望电子出版社，2006.

[4] 汤艳艳，胡是平 . 书籍设计表现技法 . 合肥：合肥工业大学出版社，2007.

[5] 蒋琨 . 书籍设计 . 北京：人民美术出版社，2010.

[6] 余一梅 . 书衣魅影 . 青岛：青岛出版社，2010.

[7] 吕敬人，赵健，王卫红 . 在书籍设计时空中畅游 . 南昌：百花洲文艺出版社，江西美术出版社，2006.

[8] 余秉楠 . 书籍设计 . 哈尔滨：黑龙江美术出版社，2005.

[9] 胡守文 . 书籍设计 . 北京：中国青年出版社，2013.

[10] SE 编辑部 . 曹茜译 . 新版式设计原理 . 北京：中国青年出版社，2013.

[11] 飞思书籍创意出版中心监制 . 解密版式设计原理 . 北京：电子工业出版社，2013.

[12] 吕敬人 . 书艺问道 . 北京：中国青年出版社，2004.

[13] 杨苗 . 国外书籍设计 . 南昌：江西美术出版社，2005.

[14] ArtTone 视觉研究中心 . 版式设计从入门到精通 . 北京：中国青年出版社，2012.

[15] 杨顺泰 . 书籍装帧设计基础 . 上海：上海远东出版社，2006.

[16] 曹武亦 . 书籍设计 . 北京：中国轻工业出版社，2006.

[17] 肖利亚，刘相俊 . 书籍设计 . 北京：中国水利水电出版社，2006.

[18] 毛德宝，王珏 . 书籍设计与印刷工艺 . 南京：东南大学出版社，2008.